逆龄生长

COUNTERCLOCKWISE
Mindful Health
and the Power of Possibility

［美］埃伦·兰格 著
（Ellen Langer）

刘家杰 译

图书在版编目（CIP）数据

逆龄生长 /（美）埃伦·兰格著；刘家杰译 . -- 北京：中信出版社，2022.7 （2024.1重印）
书名原文：Counterclockwise：Mindful Health and the Power of Possibility
ISBN 978-7-5217-4341-8

Ⅰ.①逆… Ⅱ.①埃… ②刘… Ⅲ.①心理学－通俗读物 Ⅳ.① B84-49

中国版本图书馆 CIP 数据核字 (2022) 第 072853 号

Counterclockwise: Mindful Health and the Power of Possibility by Ellen J. Langer
Copyright ©2009 by Ellen Langer, Ph.D.
This translation published by arrangement with Ballantine Books, an imprint of Random House, a division of Penguin Random House LLC
Simplified Chinese translation copyright ©2022 by CITIC Press Corporation
ALL RIGHTS RESERVED
本书仅限中国大陆地区发行销售

逆龄生长

著者：　　［美］埃伦·兰格
译者：　　刘家杰
出版发行：中信出版集团股份有限公司
　　　　　（北京市朝阳区东三环北路 27 号嘉铭中心　邮编　100020）
承印者：　嘉业印刷（天津）有限公司

开本：880mm×1230mm 1/32　　印张：8　　字数：150 千字
版次：2022 年 7 月第 1 版　　　　印次：2024 年 1 月第 2 次印刷
京权图字：01-2020-3661　　　　　书号：ISBN 978-7-5217-4341-8
定价：69.00 元

版权所有·侵权必究
如有印刷、装订问题，本公司负责调换。
服务热线：400-600-8099
投稿邮箱：author@citicpub.com

目录

译者序　觉知的力量　　　　　　　　　　　V
前　言　发现"可能性"的惊人力量　　　　XIII

第一章
能让时光倒流的"逆时针"实验

勇于质疑，保持觉知　　　　　　　　　　013
打开思路，让充满可能性的世界自动呈现　　016

第二章
人生真的有无限可能性

追求确定性是一种可怕的心态　　　　　　030
你不必时时"遵医嘱"　　　　　　　　　032
千万不要百分百相信医学诊断结果　　　　034

第三章
认为世界是稳定不变的，是一种稳定性错觉

用反芝诺悖论征服所谓的"不可控" 044
勿让已知的理论和思想遮蔽你的双眼 049
时刻关注变化，激发觉知状态 050
不要成为病症的俘虏，病症永远不是稳定存在的 053
留意变化，用心关注，保持觉知 056

第四章
到底是谁为健康标准设了限？

别纠结，健康标准是因人而异的 069
科学研究得出的结论是概率，而非绝对事实 072
积极的心态能直接影响我们的健康状态 076
极端的变化：回归 080
症状不是疾病的可靠线索 082
慎重思考医生的"隐形决策" 085
不要随意给自己的病症贴标签 091
你对待疾病的观念才是健康与否的关键 095

第五章
重新定义医疗规则

努力自行解决问题的人更健康 106
加强交流，尤其是面对面的人际互动 113

第六章
当心！医生的话具有操控力

生于希望，死于绝望　　　　　　　　　　　126
健康的观念可以激活健康的行为　　　　　　136

第七章
不要让诊断结果成为自我实现的预言

不要用医学标签把自己定义为"病人"　　　　161
健康指标只是一个参考值，不代表真正的健康状态　　168
所有语言和数字背后都隐藏着不确定性　　　　170

第八章
不要迷信任何一位"专家"

医生也会误诊，适当参考其他医生的"第二意见"　　179
不要过度依赖医生，要成为自己的健康专家　　　183

第九章
保持觉知，终身成长

更加有觉知地对待人生的老年阶段　　　　　　195
无意义和有意义的回忆　　　　　　　　　　　199
变老并不意味着衰退，需要改变的是消极心态　　201
保持觉知能让我们长寿，反之亦然　　　　　　204
"过度帮助"会让老年人丧失掌控感，陷入习得性无助　　209

| 老年人要增强自主性，不要武断地对自己的健康下结论 | 212 |
| 用觉知应对变化，发现更多的可能性 | 215 |

第十章
让觉知帮助我们永葆青春

事事用心，事事留意，活在当下	223
多角度看待健康状态，拥有"觉知健康"的思维	228
与医生互动，做一个有觉知的学习者	231
尊重不确定性，质疑极限是否存在	234

| 致谢 | 237 |

译者序

觉知的力量

2019 年 6 月 13 日下午，作为兰格教授的现场翻译，我陪着她在清华大学中央主楼做了一场题为"觉知的力量"的演讲。清华大学社会科学学院院长彭凯平老师是主持和对话嘉宾。演讲持续了三个小时，已经年过古稀的兰格教授，全程站立演讲，精神饱满，所有的观众都感受到了她带给大家的无尽魅力。

很多人读完这本书，可能还是会有疑惑，兰格教授所说的"觉知"（mindfulness）到底是什么意思？

我有幸在兰格教授访问北京时担任随身翻译，并在近几年通过邮件、视频与面对面沟通，与她多次交流讨论。这些对话带给我很多持续保持"觉知"的力量。作为译者，我想和大家分享我从兰格教授身上感受到的和学到的"觉知"，以及它如何带给人们健康与幸福。

"乱序"的演讲 PPT

2019 年，兰格教授在北京举办了两场演讲。在准备期间，我需要为她的英文 PPT 加入中文翻译。这两场演讲的题目稍有差别，但内容几乎一样。兰格教授给了我两份 PPT。我发现它们虽然内容相同，但有大约一半的页面的顺序是不一样的。我"自作聪明"地擅自帮兰格教授修改了顺序，让两份 PPT 保持一致，然后高兴地发给兰格教授，并告诉她："我发现您的两份 PPT 顺序不一致，放心，我已经帮您修改好了。"我本期待得到赞赏，结果得到的回复是："你怎么能擅自修改我的 PPT 顺序！我是故意这么做的——只有打乱顺序，才能让我在演讲时更有觉知。只有不知道下一页 PPT 的内容，我才能更具觉知地讲好每一页 PPT。"虽然我已经拜读过兰格教授的大部分书籍，对于觉知也有些理解，但这次对话仍然让我醍醐灌顶。

在传统思维模式下，我们追求"确定性"和"安全性"。演讲之前，我们要把 PPT 准备得足够充分，以发挥出最好的水平。为了避免出错，还要练习演讲，熟知每一页 PPT，甚至写出逐字稿。但当我们这样做的时候，其实就是进入了兰格教授描述的"漫不经心"的状态（Mindlessness，也可以描述为"无觉知"）：在真正演讲的时候，减少了很多与当下的觉察和互动，只是在重复以往所了解的一些知识而已。我们忽略了观众是新的，当下演讲的时间和地方也是新的。这些新的变化并没有在当下的这次演讲中体现出来。观众的收获也会因为我们的"漫不经心"而减少。

我们可以想一些方法，让自己处在"觉知"中，去觉知当下最新的变化。兰格教授故意打乱PPT顺序，就是一个很好的例子。她还给我讲过一个她在哈佛上课时的故事。每年的9月份，兰格教授会给哈佛的本科生讲授心理学，她会根据自己的授课笔记来备课。有一年，她怎么都找不到自己的笔记了。这件事情让她焦虑了一段时间，但课还是要继续上的，于是她决定用当下的视角来讲这门课，在没有任何参考笔记的情况下重新备课。虽然每节课上课前，她还是有一些焦虑，但在那学期结束后，这门课成了她授课以来最受欢迎的一门课。没有"授课笔记"，反而让她回到了当下。与当下的互动与觉察让她的学生更能感受到真实与有觉知的授课状态。

除此以外，我们还可以在演讲时，尝试注意观众的表情反应，让观众随时提问，或者根据不同的时间和演讲地点，思考演讲内容可以有什么不同。我们可以用各种不同的方法来提升觉知。当我们变得更具觉知时，观众会更喜欢我们的演讲和觉知状态下的我们。

你可能觉得有些小题大做：许多"漫不经心"的演讲效果也不错呀。确实，"漫不经心"地演讲，并不会给我们带来太多麻烦。但如果这样对待健康风险，麻烦就大了。本书中提到的"逆时针实验"就是一个经典案例。我们习惯性地认为人老了就会健忘、迟钝、虚弱、胆怯、固执，但短短一周的觉知干预就可以让老人们的认知能力、视力和关节炎症状得到改善，提升身心健康。

"无礼"还是"觉知"

同样是在 2019 年，兰格教授来京的一个下午，她需要在咖啡厅分别约见两位客人。下午两点的时候，我们先约见了一位特别喜欢兰格教授的小朋友。虽然她才上小学，但已经在线上线下学过很多兰格教授的心理学课程了，她特别崇拜兰格教授。她的父母联系上我，希望能够约见兰格教授，她爽快地答应了。要见的第二位客人是本书的编辑刘倍辰老师。那天下午，刘老师提前 10 分钟赶到了咖啡厅。因为和小朋友的谈话还没有结束，我请刘老师在旁边座位稍坐。兰格教授问我她是谁。得知刘老师是本书的编辑后，她开心地说："既然已经到了，为什么不把她邀请到我们这里来，加入我们呢？"我解释道："距离预约的时间还有 10 分钟，刘老师和小朋友并不认识。"兰格教授说："我们介绍一下不就认识了？邀请 Jade（刘老师的英文名）一起加入我们吧。"于是我稍微有些尴尬地问刘老师，是否介意一起加入谈话。刘老师欣然答应。大家相互介绍了自己，所有人都很高兴。看似"无礼"却成了一次有趣的"觉知"体验。

在此前，我认为"礼貌"和"正确"的方式是按照约定做事。但这次的经历让我感受到，打破计划带来的"不礼貌"和新的尝试，不仅为我带来了有趣的体验，还让我更具觉知地与当下产生了互动。新的朋友提前到了，与其浪费 10 分钟等着，为什么不让她加入我们的谈话呢？当然，这不一定适用于所有的对话和场合，但在很多时候是完全可以的。当我们"漫不经心"时，我们会认为这类行为都是不礼貌的，从而错失很多可能带来欢乐和新体验的机会。

几周前，我和在墨西哥度假的兰格教授视频通话，讨论如何在国内开展线上课程。会议时间结束时，我们并没有讨论完。兰格教授决定边讨论边赶往她的下一个约会地点——普拉提训练中心。当她走到时，我们基本上达成了共识。有趣的是，她并没有结束通话，而是很自然地拿着自己的手机，向我视频介绍了她的普拉提老师，也把她的普拉提老师介绍给了我。这样一份觉知带来的"意外"，为我的一天增添了一抹愉快的色彩。

从追求"确定"到追求"不确定"

人类无时无刻不在面临"不确定"：反反复复的疫情、飞机空难、俄乌冲突……这种"不确定性"让我们陷入焦虑、恐慌，从而追求"确定感"。一旦可以确定，我们就感到安全。学生害怕举手回答问题，因为担心自己的答案不对。员工不敢对老板提出不同的观点，因为担心被批评和否定。生病时，我们特别想尽快得到医生的"诊断"，这样就可以"放心地"按照医嘱打针吃药了。兰格教授的观点和这种追求背道而驰。她说:"当你知道自己知道一些事情时,你容易变得漫不经心。而当你知道自己不知道一些事情的时候,你更容易持有觉知。""不知道"就意味着"不确定",科学的魅力就在于其不确定性。这种不确定能够让我们处在当下,让我们持续有好奇心、探索欲和对未来的希望。我曾经和兰格教授讨论,老师教授学生时,最好的状态是什么样子的。她认为:"教师应该要时刻保持自信和不确定,不确定能激发孩子们的创新与发展。"

不确定可以帮助我们提升觉知。正如兰格教授所说:"事物一直在变化。我们要发掘不确定性的力量,而非总是寻求一种确定性。当我们认识到我们不知道时,我们就活在了当下。我们只需在思维方式和期待上有一些微小的变化,这样就可以改变那些已经根深蒂固,并且阻碍了我们保持健康、乐观和活力的行为,从而让我们更加有觉知力地去探索事物的各种可能性。"

那么,要如何看待不确定性可能带来的焦虑呢?兰格教授建议我们把自己担心的事写出来,然后写出三个让这件事不会发生的因素,之后再写出如果这件事确实发生了,可以带来的三个好处。她认为,如果让我们焦虑的事情真的发生了,那么我们的焦虑也不会带来什么帮助;如果让我们焦虑的事情没有发生,那么这件事并不值得我们焦虑。因为不确定性是好事,所以不确定性带来的焦虑也是好事。

健康同样如此。正如兰格教授在书中提到的,如果我们认为某种疾病是不可治疗或者无法控制的，那么我们就不会再努力去治疗它，因为我们认为一切努力都是没有意义的。今天，人类可治愈的大多数疾病都曾被认为是不可控的。如今看来，这些疾病是否能够被治愈，存在很多难以确定的因素。医学界的这些成就都得益于人们在认知上的转变：从"确定性"转变为"不确定性"，从"无觉知"转变为"有觉知"，从"漫不经心"转变为"觉知"。一旦这些转变开始发生，我们就会随之收获健康和幸福。

刘家杰

2022 年 4 月 5 日于北京

前言

发现"可能性"的惊人力量

自这本书出版以来,可能性心理学对人体健康的重要性和影响不断增大。大多数人都会向医学界寻求关于健康方面的建议,但同时,越来越多的人也逐渐认识到,我们的心理状态与健康和幸福同样密切相关。

每隔几年,新的研究成果就会进一步揭示压力和疾病的相关性。我个人认为,压力是导致所有疾病病情趋重的主要原因。事实上,如果在病人被诊断患重病之后的一个月就对他们进行复查,然后每隔几个月就复查一次,我们会发现,病人的压力水平是疾病病程的主要预测指标。压力是一个心理学概念,只要我们有意识地去管理压力,就有可能控制大多数疾病的发展。

2020年,全世界都在学习如何应对新型冠状病毒。这种病毒严重影响了世界各国人民的健康,夺走了数百万人的生命。虽然有了疫苗,但是新型冠状病毒可能继续变异出新的毒株。面对这种潜在的威胁,我们能做些什么呢?

一起来做一个思维实验：比较一下一位没有太大压力的奥林匹克运动员和一位"沙发土豆"（即每天都躺在沙发上看电视，通过暴饮暴食来缓解压力的人）。运动员觉得自己可以掌控生活，而"沙发土豆"却感到有些绝望。如果两个人都接触了病毒，谁更可能被感染？如果两个人都被感染了，谁更可能战胜病毒？

我们对自己的健康状况有很大的掌控力，不过大多数人都没有意识到这一点。我们不一定非得是奥林匹克运动员才能掌控自己的健康，也不必关掉电视或者戒掉零食——我们只需改变思维模式，微小的变化积累起来就会带来巨大的变化。

几十年前，我在一家养老院做顾问。我说服这家养老院设立了一个名为"领养孙辈"的项目，就是让邻居家的小孩在一个下午和一个有爱心的成年人一起到养老院，目的是增强老人们的掌控感。在项目开始之前，我有事离开了，大约一个月后才回来。回来后，我惊讶地发现这个项目被更名为"领养祖父母"。对养老院的工作人员来说，项目名字的变更只是一个小变化，但是对老人们来说，这表明他们不再有控制权。还有很多类似的例子可以说明，一个简单的词汇选择就能影响健康。比如当癌症的症状消失时，我们认为癌症缓解了还是被治愈了？你们会了解到，随着时间的推移，那些认为癌症已经被治愈的人健康状况更好。

我和我的实验室成员在一项实验中发现，在不改变行为或没有医疗手段干预的情况下，改变思维模式就可以改善视力和听力，同时有助于减肥，增进健康，让人更年轻、更有活力，还会带来其他益处。我们正在进行的研究也进一步证实了改变思维模式的这些作用。受本书中提到的各项研究的启发，我们正在研究，癌症病人如果"回到"（比如通过看自己患癌前的照片等方式）患癌之前的时光，他们的健康状况是否会改善，甚至癌症是否会被治愈。而且，秉承与时俱进的精神，我们还研究了那些认为自己老成的年轻人是否更成熟、更具领导力、更有决策能力。

本书展示了"可能性"的力量和每个人对自己健康状况具有的掌控力。读下去，然后问自己：我想成为什么样的自己？

第一章

能让时光倒流的"逆时针"实验

我们需要的不是信仰的意志，而是发现的意愿。

——威廉·华兹华斯

时光不可逆，规律不可违。在岁月的摧残之下，人会变老，青年时期的朝气活力终将成为美好的回忆。我们身体渐弱、精力日衰，落下一身的慢性病，所能做的，就是心平气和地顺应天命。一旦病魔降临，我们只有把自己交给医生和现代医疗技术，然后尽量往好的方面想。谁也无法阻挡时间的脚步，不是吗？

20世纪70年代，我和同事朱迪思·罗丁以养老院里的老年人为对象做了一个实验。我们鼓励第一组参与者（实验组）尽量自己拿主意。例如，他们可以选择在哪里接待访客，也可以决定是否以及何时在养老院里看电影。他们每人还选择了一个盆栽去侍弄，可以决定把盆栽放在房间里的什么位置，也可以决定在什么时间给盆栽浇多少水。我们的目的是让他们更能保持觉知状态，生活得更充实，不要与世界脱节。

第二组参与者（对照组）则不用拿什么主意。他们也分到了盆栽，但是被告知，养老院的员工会替他们料理。一年半以后，我们依次测验两组参与者的情况（包括实验前和实验后），结果发现，同第二组参与者相比，第一组参与者更快乐、更主动、更警觉。考虑到实验开始时参与者均年事已高，且身体都很虚弱这一事实，我们非常高兴地发现了第一组参与者的健康状况也改善了很多。我们还惊异地发现，在这一年半的时间里，第一组参与者的去世人数不到第二组去世人数的一半。

接下来的几年，我花了很多时间思考这是怎么回事。我们的解释是，第一组可以自己做选择，拥有更多的自主权。这一解释算不上无懈可击，但是在随后的研究中得到了进一步支撑。在我们做研究的同时，社会上兴起了一场后来被称作"新纪元"（New Age）的运动，之后，有关身心关系的实验研究在全美范围内展开。一个棘手的问题再次被提出："非物质的心理和物质的身体之间到底是什么关系？"身心相关联的例子随处可见。当你看到老鼠，在感到害怕的同时，你的心跳会加速，皮肤会冒汗；当你想到要失去一位至亲时，你的血压会升高；看到别人呕吐时，你会觉得恶心……虽然身心相关联的证据随处可见，但我们似乎并非真的理解这种关系的本质。连我们这些研究人员也曾感到吃惊：仅仅让人做出选择，就能获得我们的研究揭示的那些强有力的结果，这看上去非常不可思议。后来我认识到：做选择可以使人进入觉知状态，而我们之所以吃惊，也许是因为大多数文化中共有的潜念。我开始认识到，那种身心二元论的观点不过如此，而用一种不同的非二元论的视角看待身心关系也许更有用。如果我们重新把身体、心灵融为一体，让身心合一，那么，我们的心灵在哪里，我们的身体就在哪里。如果心理处在一种十分健康的状态，那么身体也会健康，所以我们可以通过改变心理状态来改变生理状态。

我接下来要考察的是身体极限问题——心理状态到底能在多大程度上影响我们的身体状态？如果我闻到刚出炉面包的香味，并且想象自己在吃它，那么我的血糖水平会升高吗？那些深信自己牙齿很好的人，在每年的体检中接受 X 射线检查时，结果会显示他们的牙齿更加健康吗？那些年纪轻轻就秃顶并认为自己早衰的男性，其检测出的生理年龄会比那些满头乌发的同龄人大吗？那些做过医美手术的女性，看着镜子里比实际年龄年轻的自己，其衰老速度会不会真的有所减缓？这些问题看起来也许有些"天马行空"，但值得一问。

1979 年，也就是在那次养老院"盆栽"实验的几年之后，我们很自然地想到继续以老年人为对象来考察极限问题。我和学生们设计了一个研究，后来我们把它叫作"逆时针研究"，来考察在心理上让时光倒流会对身体产生什么影响。我们要重建 1959 年的世界，让参与者就像年轻 20 岁那样去生活。如果我们让他们的心理年轻 20 岁，那么他们的身体会同时反映出这一变化吗？

就像很多其他想法一样，这一想法初看起来很不可思议，但是我们越想越觉得它可行，最后我们决定试一试。学生们一开始并没有像我那样自信，因为这不是一项常规研究，但是他们很快就被我的兴奋劲儿鼓舞了。

首先，我们咨询了老年医学专家，想知道有哪些明确的生理年龄指标可以用来衡量我们的实验结果。令人吃惊的是，他们的答案是没有（现在仍然没有）。若是不知道一个人的实足年龄，科学也无法精确地测定这个人有多大。然而，为了做研究，我们必须找到方法来测定参与者在实验前后的生理年龄，所以，我们挑选了一些最好用的心理指标和生理指标。除体重、灵巧性和柔韧性之外，我们还计划测量他们单眼、双眼的矫正视力和裸眼视力，以及味觉敏感度。我们还要让候选参与者完成一系列纸笔迷宫测验，以测量其反应速度和准确率。另外，我们还要测量他们的视觉记忆。我们还要给他们照相，这样就可以评估他们在外表上发生了什么变化。最后，我们会让每个候选参与者完成一项心理自评测验。所有这些测验都有助于我们挑选出最终的参与者并评估研究结果。

我们在当地的报纸和通告上刊登广告招募参与者，并把研究的主题描述为"追忆"，研究内容就是让一些80岁左右的老年人在僻静的乡间处所住上一个星期，谈论他们的过去。为了让研究简单易行，我们决定只招募同样性别的参与者，这样方便安排食宿。我们选择了那些没有生病、头脑清醒，能够参加我们安排的活动和讨论的男性。广告刊登出去之后，很多人向我们咨询详情，希望知道这一研究对他们上了年纪的父母有哪些好处。那些通过我们电话面试的候选参与者来到我们的办公室，接受生理和心理的基准测试。

面试过程让人难忘。在第一次面试时，我让一位名叫阿诺德的男性介绍一下自己，重点围绕他自己的身体状况。与其他陪着父亲来的人不一样，阿诺德的女儿坐在一边，让父亲自己讲，没有打断他。阿诺德向我讲述了他的生活以及他以前喜欢参加的各种活动，包括体力活动和智力活动。现在，他没有那么多精力了，任何事情都做不了太多。他不再阅读，因为即使戴上眼镜，也很难看清书页上的字。他不再打高尔夫，因为现在的步速慢得让他感到沮丧。不管在什么季节，也不管穿得多暖和，他一出门就会感冒。阿诺德还说，他现在吃什么都不香。我想象中最惨淡的生活也不过如此。

阿诺德说完，他女儿（她一直在让父亲自己说，也因此得到了我的无声赞扬）开口了，客气地说阿诺德"习惯夸大其词"。

悲哀的是，女儿这样说他，阿诺德却没有表示反对。

我告诉他，我不知道这项研究会带来什么变化，但是，他至少会度过愉快的一周。阿诺德同意参与我们的研究。

随着面试的人越来越多，在听他们抱怨自己身体状况的同时，我的疑虑也越来越大。我们会得到正向的结果吗？最终的结果会不会辜负我们把这么多人聚到一起做研究所付出的辛苦和努力？我和我的4个研究生都清楚，这是我们最主要的顾虑，但是考虑到已经做了很多准备工作，我们决定继续。我们挑选好参与者，把他们分成两组，一个实验组，一个对照组，每组各8个人，开始实施我们的实验计划。

为了给实验找一个合适的僻静处所，我和我的学生们跑了好几个镇子。我们需要的是一个看不出时代痕迹、没有什么现代设施的地方。最后，我们在新罕布什尔州彼得伯勒市找到了理想住所——一个旧修道院。我们计划把它修整一下，让它再现1959年的世界。实验组的参与者要像活在1959年一样在这里住上一个星期，每次谈话和讨论都要用现在时。我们给实验组的每个参与者都发了一封邮件，向他们介绍相关信息，包括一般性说明、一周的日程（包括三餐安排、小组讨论涉及的电影和政治话题、每晚要参加的活动）和居所平面图（上面标出了每个人的房间）。我们告诉他们，不要把1959年以后的任何杂志、报纸、书或家庭照片带进来。我们还要求他们要像活在1959年一样写一个简短的自我介绍，并且让他们提交一张自己在1959年左右拍的照片。我们把这些自我介绍和照片编辑成册，给同组的每个参与者都发了一份。

实验组的实验结束以后，对照组也将在这里静修一周。他们的待遇与实验组一样：住在同样的地方，参加同样的活动，讨论同样的话题。不同之处在于，他们在谈话时要使用过去时，要提交自己的近照，而且一旦开始静修就要追忆过去。这样做主要是为了提醒他们现在不是 1959 年。

我们知道，如果要让时光倒流，那必须使用可靠的方式让参与者真切地感觉到时光确实倒流了，对两组参与者都是如此。我们仔细研究了 1959 年人们的日常生活，我们了解了当时的政治话题和社会话题、大家看的电视节目和收听的广播节目，以及当时可能接触到的实物。我们按照 1959 年的样子设计了一个星期的生活，让参与者真切地感觉回到了 1959 年。这样做很难，但是我们做到了。

我们把实验组参与者聚齐，向他们介绍接下来的一周要怎么度过。我们在介绍中向他们说明了使用现在时的意义，告诉他们最好不要用一种追忆的心态度过这一周，而要尽量让自己的心理完全回到过去。我当时激动地说："我们要度过一段非常美好的时光——我们要回到 1959 年。显然，这意味着所有人都不得谈论发生在 1959 年以后的任何事情。你们的任务就是帮助彼此做到这一点。这个任务很难——我们不是让你们像活在 1959 年一样生活，而是让你们回到 1959 年的自己。我们有充分的理由相信，如果你们做到了这一点，就能找回当年的感觉。"我们告诉参与者，他们所有的交往和谈话都要反映"现在是 1959 年"这一"事实"。我满怀热情地说："刚开始时可能很难，但是你们越早让自己回到 1959 年，享受到的乐趣就越多。"几个参与者紧张地笑了笑，其中一个激动地发出了"咯咯"的笑声，还有两个只是冷笑着耸了耸肩。

就这样，我们在"美好的20世纪50年代"里度过了一周。在那个年代，IBM（国际商业机器公司）的计算机有整个房间那么大，美国女性刚刚时兴穿连裤袜。

实验开始后，我们每天都见面讨论时事。比如，美国于1958年（实验组的"去年"）发射了第一颗人造卫星"探索者一号"、美国需要建造防空洞等。热点话题包括共产主义、巴尔的摩小马队在美国橄榄球联盟锦标赛中以31∶16的比分大胜纽约巨人队。我们通过广播收听"皇家轨道"（Royal Orbit）赢得普力克尼斯大赛冠军的消息。我们在一台黑白电视机上看《菲尔·西尔沃斯秀》（The Phil Silvers Show）和《埃德·沙利文秀》（Ed Sullivan Show）。我们看"最近"的新书，比如伊恩·弗莱明的《金手指》（*Gold finger*）、利昂·尤里斯的《出埃及记》（*Exodus*）以及菲利普·罗思的《花落遗恨天》（*Goodbye Columbus*），并且互相分享读后感。喜剧演员杰克·本尼和杰基·格利森让我们发笑；佩里·科莫、罗斯玛丽·克卢尼和纳特·金·科尔的歌声回荡在收音机中；我们还看那个时代的电影，比如《安妮日记》《宾虚》《西北偏北》以及《热情似火》。

结果如何？我们观察到，在各自的静修周结束之前，两组参与者的行为和态度都发生了变化。确实，静修周才进入第二天，每个人都积极地在饭前摆桌子、在饭后收拾打扫。尽管在之前的日常生活中，他们都非常依赖自己的亲人（这一点在他们被亲人送到哈佛大学心理学系面试时可以看出来),但是,静修周一开始,所有人几乎马上都能够自理了。在两组的静修周结束后,我们对所有参与者进行了重测,结果发现,心理确实能在很大程度上控制身体。两组参与者都受到了尊重,参与了热烈的讨论,度过了与他们平常的日子截然不同的一周,他们都觉得自己的听力和记忆力提高了。他们的体重平均增加了近3磅①,握力显著增加了很多(不知道这对他们来说是不是好事,但极有可能是好事)。从很多指标来看,他们确实变"年轻"了。同对照组相比,实验组在关节柔韧性、手指长度(因为关节炎减轻了,手指能伸得更直)、手的灵巧度等方面有了更大改善。在智力方面,实验组63%的人分数都提高了,相比之下,对照组只有44%的人分数提高了。实验组参与者的身高、体重、步态与体态方面也有所改善。最后,我们让一些不了解研究目的的人员对参与者在静修周前后分别拍摄的照片进行对比。这些客观的评价者指出,实验组的所有参与者在研究结束时看上去都年轻了很多。

这一研究大体上塑造了我在接下来的几十年中对变老以及极限的看法。随着时间的推移,我越来越不相信"出生即命运"(biology is destiny)。限制我们的不是身体本身,而是我们对身体极限的看法。现在,面对任何关于疾病该如何治疗的医学观点,我都不会想当然地认为它一定正确。

---

① 1磅约为0.45千克。——编者注

如果年纪那么大的人都能在很大程度上改善自己的生活，那么我们其他人也能做到。首先，我们必须问自己一个问题：那些我们视为真实存在的极限真的存在吗？比如，我们大多数人都认为：年纪大了，视力就会变差；慢性病是不可逆的；我们不再像年轻时那样对外部世界应付自如，是因为我们自身出了问题。

整个社会都很关注健康问题，但是对于怎样过上健康的生活，却知之甚少。为什么会这样？我们读了杂志上一篇又一篇文章，有关养生保健的图书和电视节目数不胜数，我们疯狂地迷恋健身和健美，然而，仔细观察一下就会发现，我们在心理上根本没有为实现健康的目标而努力。相反，我们的所思所为直接妨碍了我们实现自己一直追求的健康目标。我们需要尝试一种更具觉知的方法，一种否认我们给自己的身体所设的极限的方法。

觉知健康不是教人如何正确饮食、如何锻炼以及如何谨遵医嘱，也不是教人放弃这些东西。它讲述的不是新纪元医学（New Age medicine）[①]，也不是对疾病的传统理解。它强调的是我们要摆脱思维定式，突破这些思维定式给我们的健康和幸福设定的极限。重要的是，我们要成为自己健康的守护者。想学习如何改变，首先要弄清我们是怎样误入歧途的。本书的目标就是引导你打开思路，拿回本该属于你且对你而言正确、明智、重要

[①] 新纪元医学是新纪元运动中整全健康运动的分支，强调把人当作一个整体来治疗。——译者注

的东西。

勇于质疑，保持觉知

大多数人认为，"总是""从不"这两个字眼不适于描述世事。与此观点类似的一种更科学的描述方式是：某个观点在一般情况下正确，在特定情况下却不一定正确；只要存在例外（即使例外发生的可能性很小），我们就不能预测在某种情况下一定会出现某一结果。某个观点在大多数情况下对大多数人来说是正确的，但对于我们自身而言未必如此。例如我的腿需要截肢，但大多数截肢手术都很成功这一事实并不会给我带来多少安慰。

就解答严肃且重要的问题而言，科学做出了很大贡献。然而，科学数据只能说明一般情况，揭示一般规律。某种药物或疗法是否有效，是由某项针对某一特定人群调查该药物或疗法对于某种特定疾病是否有效的研究决定的。仅仅基于现实的原因，各种各样的人——身体类型不同、基因构造不同、生活经历不同等——被选作研究被试的概率不可能完全一样。调查的每一方面都是当时能给出的最佳估计，因为，挑选哪些人做研究被试、考察哪些症状或者症状群、关注药物或者疗法的哪些方面、使用哪种测量方法，都取决于医疗界的选择。由于医学问题十分复杂，医学实验不可能囊括所有的未知情况，所以只好用概率来描述作为一般真理的这些研究结果。

敏锐的读者也许会问："为什么你的研究与众不同呢？"我的大多数研究都是为了检验可能性，而不是为了揭示一般事实。如果我能让一只狗唱歌，那么我可以说，狗是有可能唱歌的。逆时针研究的结果并没有表明每个人只要谈论过去的生活都能获得同样的结果。不过，研究结果确实表明，只要去尝试，这些改善就是有可能发生的。

一般研究告诉我们的是有关"大多数"人的事实。既然我们关心的主要是自己该怎么做，而不是大多数人的做法，那么仅仅参考现代医学研究是找不到明确答案的。医学研究并非不正确，也不是没用，只是我们作为个体，拥有医学研究缺失的一些信息。我们需要学会把医学研究揭示的一般事实与我们对自己的了解，或者说我们可能在自己身上发现的东西结合起来。

一件白衬衫染上了一个红点，我们很容易就能注意到。但是，如果这件衬衫是细格图案，那么我们也许注意不到。出于压力、抑郁、劳累或其他因素，我们大多数人对自己都是不大留意的。我们在看自己时，看到的只是一件细格衬衫。但是，我们如果试着留意这个世界以及自身具有的新的与众不同的东西的话，就可以改变这一点。学会留意新事物，我们会变得更具觉知，而觉知本身能引发更多的觉知。我们越是拥有觉知，就越有可能把自己看成白衬衫，就越容易看到上面的红点并及时将红点除去。

关注周围的世界，并不意味着要我们变得过分警惕。我们的注意力会自然地投向那些与众不同或者会打破平衡的东西。如果我们跟随自己的注意力，那么不用刻意努力或者特别注意，就能捕捉到微小的信号。但是，首先我们得打开思路，看到更多的可能性。我们所有人在口头上都承认"一切皆有可能"，可是，一旦遇到以前从来没有发生过的事情，大多数人会立刻把可能性抛到九霄云外。比如，四肢能再生吗？瘫痪能根治吗？尽管我们同意一切皆有可能，但大多数人都会不假思索地回答"不能"。为什么我们说的是一套，做的却是另外一套呢？一种解释是，日常生活经验塑造的心理定式让我们看不到可能性。我们不去仔细思考自己的世界观是否正确，因为我们自己的世界观往往是在漫不经心的状态下形成的。这不是因为我们不注意世界观的内容，而是因为我们没有注意世界观形成的背景。我们没有考虑到，在此处为真的事实，在彼处不一定为真。如果没有想到去审视已有的观念，那么我们就无法更新或者改进这些观念。如果没有质疑的习惯，那么我们就不会去审视自己的见解是怎么来的、基于哪些事实，更不会追问发现这些事实的科学是否可信。不加鉴别地接受信息会让我们付出惨重的代价，我们认为不可能的事情实际上也许是非常有可能的。

大多数人（包括科学家）都会陷入"假设-证实"的怪圈。一旦认为自己知道了某些事情，我们就会寻找支持这一信念的证据。不幸的是，只要寻找，这样的证据总能找到。如果要寻找证伪我们某种信念的证据，应该也能找到，而且在大多数情况下，这一做法也许对我们更有利，但是我们不习惯这样做。社会心理学家通常采用多变量交叉设计的方式，考察某一结果在哪些情况下会出现，在哪些情况下不会出现。如果所有人都经常这样做的话，也许会发现一些我们不知道的事情，或者形成一些更加精确的信念。然而，如果仅仅为自己的信念去寻找支持证据的话，那么我们就会为同一假设收集到越来越多的证据，甚至因此让一个原本错误的信念变得坚不可摧（只为自己的假设寻求支持证据的研究人员也会出现这种问题）。我们的信念，通常源于传统智慧或者专家意见。例如，人们普遍认为，酒精对身体有害无益，专家认为在大多数情况下确实如此，治疗酒精中毒患者的医生也证实了这一点。在很多情况下，我们都不会质疑他们任何一方的观点，而会认为他们的看法是真理。如果我们质疑的话，那么也许会把不可能的信念转化成可能的信念。例如，现在我们都知道，实际上红酒对身体是有好处的。

打开思路，让充满可能性的世界自动呈现

在心理学大多数研究领域中，研究者都倾向于描述一般事实，而且往往用十分有洞察力的视角和创新的方式描述一般事实。但是，知道一般事实和知道可能出现的情况，并不是一回事。我的兴趣在于发现可能性以及弄清哪些细微的变化可以让这些可能性变成现实。我的研究结果显示，不同的一句话、让人在小事上

拿主意或者稍微改变一下物理环境，就能让人更健康、更幸福。小小的变化能够带来很大的不同，所以我们应该敞开胸怀接受不可能、拥抱可能性心理学。

第一步，拥抱可能性心理学要求我们从一个假设开始。这个假设就是：我们不知道自己能做什么或者会变成什么样。可能性心理学认为，我们不应以现状为出发点，而是应该以目标为出发点。从目标出发，我们可以问自己怎样才能达到目标，或者说朝着这一目标前进。这是思维上的一个细微改变，而且，我们只要意识到自己困在限制自己潜能的文化、语言和思维模式中，就容易做出这一改变。例如，我们都喜欢"不试一试怎么知道行不行"之类的话，但是没有意识到这类话很有误导性。我认为，即使尝试过，我们也许还是不知道，因为如果我们尝试了而且失败了，那么我们知道的也只不过是自己尝试的那种方法不管用，我们仍然不能说"这完全不可能"。

面对疾病和衰弱，我们也许会找到方法去适应。但是，可能性心理学着重于寻找改进的方法，而非仅仅去适应。

例如，我们大多数人都相信，人到四五十岁时，视力就会开始下降。确实，研究表明，到了这个年龄，很多人的视力都开始下降。但是，我们经常会盲目地把这一可能的事实视为绝对事实。当阅读出现困难时，我们就认定自己的视力变差了，于是戴上眼镜，以适应这一"现实"。我的意思并不是说，在从生理的角度看并不需要眼镜的情况下验光师给我们配了眼镜，也不是说，在这个时候我们不需要眼镜。我的意思是指，如果我们并不接受视力永久性地变差了这一"事实"，那么视力也许就不会变差。相反，如果我们认为，随着时间的推移视力也许会改善（比以前的最佳状态还好），那么我们也许会想办法让这一想法成为现实。只要想一想视力变好的失聪者和听力变灵敏的失明者，就不难明白这一点。我们当然能够找到一些在我们看来比其他东西看得更清楚的东西，所以我们最好问问自己，为什么不去试一试，看自己能否把那些看得不那么清楚的东西看得更清楚一些。可惜的是，我们甚至连问都不问，直接就接受了视力永久性变差这一"事实"，然后给自己配了一副眼镜。

拥抱可能性心理学的第二步是尝试不同的方法，并且在这一过程中不对自己做任何评价。让我们继续以视力为例阐释一下。当你眯起眼睛依然看不清小号字时，你不要觉得有伤自尊，只需要留意这种方法是否管用。带着这种简单的心态，你也许更有可能注意到自己视力的一些"反常之处"，比如，有时我们能看见先前看不见的东西，有时又不能，这些反常现象能够为我们提供一些线索，让我们知道自己的视力发生了什么变化。从这个意义上来说，同大多数人文研究和科学研究相比，可能性心理学的积极性更强、评价性更弱、过程导向性更强。

追求健康方面的可能性，可能真的让你的身体变得更好。另外，拥抱可能性心理学本身就能带给我们力量。有所追求、胸怀抱负的感觉非常好，它能从整体上让我们产生积极的心态，有助于我们对抗"一旦身体的某个部位出问题，整个人都会随之崩溃"的想法。在努力把可能性变为现实的过程中，我们也许会发现自身以及世界的一些有趣之处。比如，在探索视力极限的过程中，我也许会看到房子周围长久以来被自己忽视的东西（因为我尝试看到它们，这种尝试是前所未有的，所以我看到了它们）；也许会注意到我需要一个新沙发（我注意到旧沙发有些地方磨破了，要是在以前，我是绝对不会劳神去检查的）；或者突然发现墙上挂着一幅我特别喜欢的画，而我已经很多年没有欣赏它了。

可能性心理学对研究结果的解释方式也与众不同。在传统的、描述性的心理学中，只有当大部分研究参与者都表现出某一效应时，我们才可以说这一效应真的存在。比如，只有当很多猴子都能清楚地说话时，我们才能下结论说猴子会说话。在这门全新的心理学学科中，只要排除了实验误差，那么即使只有一个参与者表现出了某一效应，我们也能下结论说这一效应是可能的。只要有一只猴子说了一个真正的词语，我们就有办法收集到足够的证据来支持灵长类动物具有沟通能力这一结论。通常情况下，那些不符合研究假设的实验对象会被看作无用的数据噪声；而在我的研究中，这些例外情况正是研究的焦点。

在物理学中，暗能量之类的概念起到了占位符的作用。没人知道暗能量到底存在与否，但是假设存在暗能量却能给物理学的科学研究带来很多好处。在心理学中就没有类似的占位符，心理学更常提的问题是"某一现象为什么存在"，而不是"某一现象可能存在吗"。与此相应，心理学研究者热衷于研究中介机制以解释某一现象为什么存在。如果无法对研究的结果加以解释，它就会被弃置一旁。例如，很多心理学家都认为，人在变老的过程中，记忆力自然会逐渐衰退。如果一个上了年纪的人没有出现记忆力衰退的话，那么心理学家就会认为这个人是特例，且不会把这个人的情况推广到其他人身上。在可能性心理学中，中介机制并不是我们首先要考虑的对象——可能性心理学的首要任务是弄清某一结果是否可能，然后再解释为什么可能以及如何去实现。

大多数人都认为世界在等待着我们去探索，而不是认为世界是我们自己建构的产品，在等着我们进一步创造。我们经常表现得就像我们自己以及周围的世界是不变的那样，即使我们在理论上并不这样认为。也许，你每天使用洗手间时都觉得不舒服，但是却没有意识到，如果将马桶的高度改变一下，也许就会舒服得多；你哀叹，只有等到扭伤的手腕恢复之后才能画画，却从来没有认真地想过，也许你可以用非惯用手画画；因为患有青光眼，所以你从来不去看歌剧，却从来没有想过在歌剧院里仅仅用耳朵听音乐就是极其难得的享受。只要你思考一下就会发现，稍微改变一下就能让生活更美好。不假思索的负面作用就是这么强大！因为这种漫不经心的心理定式，我们把很多现象看成是确定不变的，因此不会考虑其他可能性。在我们的头脑中，事物是确定的、不变的，尽管实际上它们每时每刻都在变化。如果我们打开思路，那么，一个充满可能性的世界就会自动呈现。

很多愤世嫉俗的人都认为世界是永恒不变的，因此可以预测，这些观念在他们的脑海中根深蒂固。也有一些人，尽管并不愤世嫉俗，但是仍然不假思索就接受了这些观念。心理学需要一种新取向，我们的生活也需要一种新取向，因为现在是"摇头族"——那些凡事都要求经验证据的人——的天下。他们决定了什么是可能的、什么是可实现的，对我们来说，这是一种总体性的伤害。如果我们提出一种跟当前的已知事实大相径庭的可能性，那么举证的任务就会落到我们头上。然而，不问"怎么可能呢"，而问"为什么不可能是这样"也同样有意义。"摇头族"知道的事实仅仅以概率为基础，这些概率是从一种确定不变的研究视角演绎出来的。就像我们不能在发现某一事物之前证明它就是如此，"摇头族"也不能证明这一事物是不可能的。如果我从来没有想过是否存在某种可能性，我就决不会开展逆时针研究，也决不会见证我们心灵变革性的力量。

第二章

人生真的有
无限可能性

翻阅医学课本、咨询医生之后，他的病情加重了。此前，病情的发展几乎觉察不出，这样，他在把每一天与前一天相比时，都可以自我安慰，说病情并没有怎么恶化。但是，当他寻求医疗建议时，一切好像都在恶化，而且是在迅速恶化。尽管如此，他还是继续咨询医生。这个月，他去咨询了另外一位著名专家，但是，这位著名专家的意见，和第一位医生的一模一样，只是提问的方式稍有不同。听过这位著名专家的意见，伊万·伊里奇的疑虑和恐惧加重了……体内的疼痛一直折磨着他，而且每次发作起来，持续时间似乎越来越长，程度也越来越严重。他嘴里的味道变得越来越古怪，好像嘴巴里发出一股恶心的味道。他的力气和胃口在日渐衰弱。

——列夫·托尔斯泰《伊万·伊里奇之死》

（*The Death of Ivan Ilyich*）

医学界并没有给伊万·伊里奇带来多少帮助。他咨询了那么多知名医生，可是没有一个能治好他的病，也没有一个理解他或者给他情感上的慰藉。他们只是让他不断地尝试各种疗法和药物，但是这些疗法和药物没一个是有效的。托尔斯泰的小说向我们展示了我们能想象的最糟糕的关于疾病的情景：病人得了一种未知的、不可治疗的疾病，眼睁睁地看着身体每况愈下，却无能为力。

伊万的故事对不同的人自有不同的含义，而我看到的是：伊万不是一个很好的病人，不管医学界让他有多失望。他不假思索就把自己交给医学世界，而从托尔斯泰的描述中，我们知道，他盲目地把自己交给了社会和物质世界。当然，我们大多数人都是这样做的，但这无益于我们的健康。医生兼作家杰尔姆·古柏曼曾经说过："我们医生需要你们帮助我们更好地思考。我们需要你们质疑我们，指出我们什么时候做得好，什么时候误入歧途……当医生真的不容易，但是，当病人更不容易。"只是，伊万从来没有接受这一挑战。

做病人很难，我们关于健康和疾病的心理定式又让它难上加难。1891 年，威廉·詹姆斯写道："对婴儿来说，外界就是一团模糊、嗡嗡作响的混沌，因为外界同时作用于他们的眼睛、耳朵、鼻子、皮肤和内脏。"人们经常引用这句话来主张要减少不确定性从而让生活变得简单。我们大多数人都毫不迟疑地赞成简单主义，因为我们抱怨，自己的生活太复杂。我们所有人都不会太关注那些我们认为不相干的东西，尽管我们都曾惊讶地发现，正是那些看似不相干的东西最终发挥了关键作用。遇到问题，我们都习惯从最方便的角度来分析，其他角度则不予考虑，虽然其他角度也许一样有意义，或许还更有用。面对差别细微的结论，我们希望有一个确定的看法，结果只是对此感到沮丧，因为就连专家也给不出一个确定的结论。

在开启了逆时针研究之后，我和学生又做了很多研究，想弄清楚健康与心理定式之间的关系。我们最近的一项研究考察了这样一个问题：如果我们像比我们年长或者比我们年轻的人一样生活，那么我们的生理年龄是更接近他们还是更接近我们的同龄人？我们发现：同一般女性相比，那些配偶比自己年轻很多的女性活得更久，而那些配偶比自己年长很多的女性则去世得更早。对于男人而言，这一现象同样存在，尽管男女的预期寿命并不一样。心理学家伯尼斯·诺嘉顿指出，"社会时钟"深深地影响着我们。也就是说，我们用一套内隐信念来度量生命，认为不同年龄段应该有不同的态度和行为。我们认为，如果我们按照配偶的年龄来调节自己的社会时钟和生物时钟，那就可以改变一切。这样的话，配偶中年老的一方会变得"更年轻"，比预期寿命活得更长；而年轻的一方会变得"更年老"，比预期寿命活得更短。

其他研究发现，女人较少在生日前一周去世，她们更多在生日后一周去世。男人则正好相反，较少在生日后一周去世，他们更多在生日前一周去世。用戴维·詹金斯的话来说，这一研究发现意味着男人和女人"以不同的方式将现实打包"。我们把信息打包的方式，或者说我们把信息结构化的方式，会对我们自身产生极大的影响。比如，在自己生日前夕，女人满怀希望期待着庆祝，而男人似乎没那么在意。

在最近一项有关人格、衰老、寿命三者关系的研究中，心理学家贝卡·利维——我以前的学生——及其同事发现，与我们以及医生关注的那些典型生理因素相比，人们的心态对其健康状况的影响更大。他们的研究对象有650多人，主要来自俄亥俄州牛津。1975年，这些参与者回答过一份调查问卷，上面列出了一系列有关衰老的或积极或消极的看法，比如"随着我的年纪越来越大，事情会变得越来越糟""随着我的年纪越来越大，我会变得越来越没用""我现在和年轻时一样幸福"等。他们可以选择同意或者不同意。研究者根据参与者的问卷得分将他们分成两类，一类对自身健康和衰老持积极态度，另外一类则持消极态度。

20年后，利维及其同事考察了参与者的问卷得分与其寿命的关系后发现，那些对自身健康和衰老持积极态度的人的寿命，比那些持消极态度的人基本上长7.5年。仅仅保持积极的心态，就能实现取得远胜于降低血压或者减少胆固醇的效果，通常情况下，后两种方法只能让寿命延长4年。保持积极的心态，也比积极地锻炼身体、维持恰当的体重、不吸烟更管用，这三种方法只能让寿命延长1~3年。1999年，心理学家海纳·梅尔和雅基·史密斯发表了一项研究成果。他们考察了死亡率和17个心智状态指标（包括智力、人格、主观幸福感、社交能力等）的关系，也发现对待衰老的态度是影响寿命的主要因素。他们使用的数据来自柏林老龄化研究，该研究在20世纪90年代早期收集了500多人的生理和心理健康信息。

看完这类研究的结果，有人可能会想："虽然很有意思，但这和我没有多大关系。"信念也许是决定寿命的最主要因素之一，这一观念和我们"知道"的那些事实大相径庭。我们必须把相信我们"知道"事实的盲目自信放在一边才能理解，虽然我们知道某个事物是什么，我们却不知道这个事物不可能是什么。没有哪门科学可以揭示，某个事物是不可控的，不管这门科学有多高深。所有的科学至多只能告诉我们，某个事物是不确定的。

理解不可控的世界和不确定的世界之间的区别有很大的好处。某个事物没有发生，并不表明它不会发生，只是意味着人们还不知道如何让它发生。如果我们认为某种疾病是不可治疗的或者无法控制的，那么我们就不会努力去治疗它，因为我们认为一切努力都是没有意义的。医学界征服过的大多数疾病，在某个时候都曾被认为是不可控的，而实际上，这些疾病只不过是不确定的。医学界的这些成绩，都得益于认识上的转变。

如果信念影响着我们的健康，那么我们当然应该学会对自己的信念施加影响。为了做到这一点，我们首先必须做出一个关键的选择——选择相信我们能够控制自己的健康状况。我们无法保证自己总能成功，但是，如果我们是正确的，那么就一定能驾驭那些"不可控的"因素；如果我们是不正确的，我们也能在追求可能性的过程中有其他收获。如果我们选择不相信，那么我们将蒙受巨大的损失——至少享受不到尝试的乐趣，而且很可能还丧失了对自己的健康实施有意义的控制的机会。

追求确定性是一种可怕的心态

在30多年的研究中，我发现了一个有关人类心理的重要事实：追求确定性是一种可怕的心态。它会让我们的思维抵制可能性，并将我们同生活中的现实世界隔离开来。当一切都确定的时候，我们就失去了选择的权利。没有怀疑，就没有选择。当信奉确定性的时候，我们就看不到世界的可能性，不管我们是否意识到了这一点。我们应该信奉不确定性，特别是有关我们健康的不确定性。这样，我们就能自己创造选择的机会，掌控自己的生活。

我们通常意识不到心态对自身的限制。只要分析下面几条常见的大多数人关于健康的信念就知道了。

我们的身体要么健康，要么不健康。就像我们习惯于把心灵和身体想象成相互独立的两极一样，我们也习惯于认为，在任何一个时间点，我们的身体要么是健康的，要么是不健康的。健康的时候，我们认为不需要对身体过多注意；生病的时候，我们认为应该能找到治疗这一疾病的权威信息。不管信息是来自专家还是传统智慧，我们都期待它可以成为自己的健康处方。在这两种情况下，我们都偏爱确定性，而不去具体分析健康到底是什么。

医学界懂得最多。总体而言，在健康这个问题上，医生当然比我们懂得多。但是，同样可以肯定的是，没有人比我们更了解自己。考虑到这一事实，我们要把医生的观点和我们对自己的了解结合起来，以更好地促进健康。

健康是一种医学现象。毫不夸张地说，我们把世界过度医学化了。如果感到悲伤，我们就说自己抑郁了；如果通宵达旦地玩游戏，我们就说自己上瘾了；如果睡眠少于"应有的"8小时，我们就说自己失眠了；如果不能为自己的选择负责，我们就说自己得了拖延症（尽管每次在我们做某件事情的时候，必定有其他事情还没做）。为什么我们觉得给自己贴标签没有什么不妥？这样做的代价是什么呢？我们不假思索地给身体反应贴上医学标签，结果，身体的任何反应都成了一种疾病或者症状——做某事有困难，或者感觉异常就是身体在某方面有障碍或毛病。把这么多体验都加以医学化之后，我们限制了自己对这些体验的理解（这确实是我们自愿如此，因为我们认为医生对其有更好的理解），结果导致医学对我们生活的影响超出了合理的范围。

为了重新掌控健康，我们要明白自己不知不觉放弃掌控权的原因。在做觉知讲座时，我经常问："谁知道自己的胆固醇水平？"这个时候，通常那个最近体检结果很好的人会举手回答。在他说了自己的胆固醇水平后，我问他最后一次体检是什么时候。每次答案都不一样，但是一般都是一个月以前。于是我说："那么，自那以后，你就没有再吃东西、再锻炼吗？如果你再也不去体检的话，是不是意味着你会一直健康地活到临终那一刻？"我的话总能引起一阵笑声，但是，它实际上道出了一个严肃的事实。医学界给我们提供了胆固醇水平之类的数据，我们认为这些数据是不会变化的（至少在我们下次体检之前不会变化）。事实上，我们现在的健康状况，并不是由过去的健康状况决定的。

漫不经心地对待自己的健康会造成严重的后果。我们一直忽视自己的健康状况，待有需要时却恨不能立马儿成为健康专家。我们要改变自己，平时就要学习与健康有关的知识，同时密切关注自己的健康。

你不必时时"遵医嘱"

我们没有意识到，在与世界以及他人互动的时候，我们是多么的莽撞。我们通常不去质疑什么，只要符合一些已有的信念或者根深蒂固的行为模式，即使很荒谬的东西我们也悉数接受。

1978年，我和我的学生阿瑟·布兰克、本齐翁·查诺维兹做了一项研究。我们走近排队等待使用复印机的队伍，问他们我们能否插个队。我们提出请求的方式有以下三种。"我能先用一下复印机吗？""我能先用一下复印机吗？因为我要复印。""我能先用一下复印机吗？因为我很急。"如通常所料，使用第二种、第三种方式，排队的人更可能让我们插队，因为我们给出了一个理由。有趣的是，使用第二种方式得到许可的可能性几乎和使用第三种方式一样，而第二种方式所说的"因为我要复印"几乎不能成为插队的理由。谁不是为了复印才使用复印机的呢？而"因为我很急"则是一个能说得过去的插队理由，不过，这样请求而获得允许的可能性，并不比第二种方式大多少。

我们得出结论，人们之所以不假思索地同意"我能先用一下复印机吗？因为我要复印"这个请求，是因为句子结构里包含一个词"因为"，于是有了插队理由，尽管就内容而言这一理由并不成立。换句话说，只要给出一个理由，人们往往会不假思索地答应你的请求，不管这个理由多么空洞。这看起来很愚蠢，但是，当我们不假思索地接受一条信息并把它当作事实的时候，当我们把建议当作处方的时候，当我们想当然地认为医生比自己更了解自己的健康状况的时候，实际上我们的行为在性质上与上述做法并无两样。我们不关注内容，是因为我们漫不经心地就把注意力放在形式上了。尽管在无关紧要的社交情境中，这样做没什么大不了，但是，在健康面临风险的时候，这样做后果就很严重了。

关注形式而不是内容，这一习惯是如此根深蒂固，以至于我们很少质疑医生的"命令"。医学界也很少费心要我们遵从他们的"命令"，他们只是给出"命令"。当然，医生给出的是医嘱，而不是"命令"，但是，不管是医嘱还是命令，我们都应该好好地执行。而我们也确实是这样做的。就像在"复印研究"中我们给出一个形式上的理由就能让别人答应我们的插队请求一样，在看病时，医生只要给出任何形式上的理由，含蓄的理由如"我是医生"，明确的理由如"这种药物能够减轻或者消除症状"，就能让病人乖乖地听从"命令"。

这并不是说医疗界不值得信任，不过一个简单但重要的事实是，很多医学问题是不确定的，尽管有些医生把它们说成确定无疑的样子。同样重要的是要认识到，因为很多医学问题是不确定的，所以，我们一定要参与和我们健康有关的决策，不能因为自己没有定见而放弃。

千万不要百分百相信医学诊断结果

多年以前，我和我的学生安妮·贝内文托研究了给自己的能力"贴标签"所导致的效应，我们把这一效应称为"自我诱导依赖"（self-induced dependence）。通过一系列实验我们发现，贴上"助手"之类的标签会明显地削弱自己的能力。当我们把自己看作不如医生有见识的病人的时候，同样的效应也会出现。另外，一旦我们把控制权交出去，就很难再要回来。结果，我们认为自己无能，尽管并非如此。

例如，诊断也是贴标签。诊断告诉我们，身体的某些感觉意味着什么；诊断告诉我们，一系列体验是慢性的还是天生的，某个衰弱迹象意味着疾病复发还是恶化；诊断告诉我们，要期待什么，要小心什么，疾病是不是可以治愈；诊断告诉我们，某种疼痛是一种症状还是一种副作用，或者仅仅是一种感觉；诊断告诉我们，要担心什么，应该学会忽略或者忍受什么。诊断是医学决策的一个必要组成部分，但是就像其他任何标签一样，诊断把不确定的现象描述为确定的，提供了一个单一视角让我们理解复杂现象（诊断并没有把所有合理因素考虑在内）。诊断描述的是很多个体在一般情况下的体验，并不代表某一个体在具体时刻的具体体验。鉴于我们的身体、感觉和体验存在固有的不确定性，所以，给诊断描述的那些数不清的任何一个症状贴上一个标签，或者用一个标签就把一个人的身份、状况、体验或者潜力全部概括，都是极具误导性的。就像对待其他标签一样，我们最好不要把诊断视为答案或者解释，而应将其视为引导我们进一步追问其他问题的起点。然而，在很多情况下，人们却百分之百地相信诊断，并直接导致希望破灭。

只有质疑我们对待医疗信息的传统做法，我们才能变成有效率的健康学习者。如果我们认识到，医生知道的也只是那么多，医学揭示的并非绝对事实，疾病不可治愈实际上意味着病因不确定，我们的信念以及大部分相关的外部世界都是社会建构的，那么我们就做好了寻找新方式来对待医疗信息的准备。

诊断并不是没有用，我也决不建议过度警惕，那只会让我们变得像疑病症患者一样。我建议要关注我们的身体，这样，我们就能在大问题出现之前发现并掐掉其苗头。觉知与警惕有很大不同，觉知要求我们适度地关注我们身体的所有部分（或者和我们的身体有关的其他事情），从而让我们体验更充实的自我。

抱着粗枝大叶的态度学习，我们不会去细究两样事情——我们或者别人实际做的、我们认为发生的——之间有什么差别。我们从一个单一的视角解释经验，忽略了可能还有其他的解释。在保持觉知地去学习时，我们明白，从无数个不同的角度解释经验总是可以获得新的信息——从不止一个视角解释经验不仅是可能的，而且是极有价值的。这种做法可以让我们审视自己知道的"事实"并追问自己是如何知道这些"事实"的。就具体经验来说，每个事件都是独一无二的。那么，为什么我们还认为自己可以从经验中学习呢？也就是说，如果事件本身不一定重复发生，那么针对未来的事件，过去的事件又能教会我们什么呢？一次疼痛能够教会我们什么呢？

有一次，我和两个朋友边走边聊，其中一个朋友向我讲述了几年前她的一次可怕经历。我不记得事情的背景了，只记得她说她自己站在一个瓷质马桶上，马桶碎了，她摔倒了，马桶碎片在她腿上划了一道很长的口子，医生为她缝了106针。她说自己从这次惨痛的经历中吸取了一个教训。我问她是什么教训，她回答："不要站在瓷质马桶上。"但是，我认为，教训也可以是下面列出的任何一个："要小心些""不要尝试自己修理东西""在尝试新事物时，旁边一定要有人看着""不要尝试任何新东西""在修理东西时，要穿上结实的衣服""不要害怕尝试新事物，因为身体具有神奇的自我修复能力""我承受得住打击，我不会被打败"，或者"减肥吧，免得下次又把马桶压坏了"。我可以不停地列举更多的教训，但是我珍视我们之间的友谊，所以我没有继续。我不是说她给出的答案是错的，而是说那只是看待那次经历的一种方式而已。我们最好保持觉知，审视自己的学习过程，而不是忙着从经验中总结教训。

经验很可能是一个蹩脚的老师。当认为自己正在从经验中学习的时候，我们是怎样学习的呢？我们回顾经验——一种本来可以从无数个角度加以理解的经验，然后在此事和彼事之间强行建立一种关系（虽然两者之间还可以建立起其他关系）。一旦在心中建立起这一关系，我们就会不断地去验证它，同时排除其他任何可能的关系。所以，在很多情况下，经验不过是向我们"传授"那些我们已经知道的东西。有时，昨天的进步到了今天却是失败。假设我们摔断了腿，然后拖着这条正在恢复中的腿走路。第一天，因为感觉还行，我们拖着断腿走了很久，然后发觉自己走太多了。结果，第二天我们只好悠着点儿来。这样，我们就明白，经验可以让我们放弃努力，可以让我们悠着点儿来，也可以让我们更加努力。要成为健康学习者，我们要海纳百川，从世界中汲取所有能学到的东西，我们不仅要关注大事情，还要关注小事情。我们要明白集腋成裘的道理。人们经常觉得某些事情是不可能的，即使我们心底深处并不这样认为。减掉50磅体重，这是多么艰巨的任务！但是，我认为，很少有人觉得减掉 1 盎司①体重是一项艰巨的任务。而我们需要的正是减掉 1 盎司体重的信心。

---

① 1 盎司相当于 28.35 克。——编者注

第三章

认为世界是
稳定不变的，
是一种稳定性错觉

一天早晨，格里高尔·萨姆沙从不安的睡梦中醒来，发现自己躺在床上，变成了一只巨大的甲虫。他仰卧着，背坚硬得像铁甲一般，他稍稍抬了抬头，看见自己那穹顶似的棕色肚子分成了好多块弧形的硬片，被子几乎盖不住肚子尖儿，都快滑下来了。比起偌大的身躯来，他那许多只腿真是细得可怜，都在他眼前无可奈何地舞动着。

"我出了什么事啦？"他想。这可不是梦。

——卡夫卡《变形记》

我们并非都是敏锐的观察者，尽管我们以为自己是。我们只看到自己想看到的，而自己不想看到的，就算别人看得很清楚，我们也注意不到。有时是因为我们的期待蒙蔽了自己的眼睛，有时则是因为我们害怕注意到变化——即使这一变化不像突然变成一只巨大的甲虫那样剧烈。

我们学会了期待在某种情境下看到什么，这往往决定了在此情境下我们会看到什么。在每学期的研讨会上，我都会问学生们："在继续今天的讨论之前，我是否有时间讲完一个故事？"

他们看看表说："当然，我们有时间。"

然后，我问几点了，大多数人会再看一次表。他们既然刚看过表，难道不知道是几点吗？令人吃惊的是，答案是"不"。在第一次看表时，实际上他们并没有看到是几点；他们只是在看下课之前是否还有足够的时间。如果期待一样东西，我们很有可能错过另外一样东西。期待在帮助我们看清一件事物的同时，也让我们对不曾期待的事物视而不见。

我们不妨比较一下传统指针手表和现代数字手表的区别。数字手表显示的时间更清楚，但是它显示的只有时间。指针手表可以告诉我们现在"差不多几点""刚过几点"或者"马上要到几点"，等等。在某种意义上，指针手表提供的条件信息更多。而条件信息有更多优势，特别是能让我们注意到变化。注意变化是觉知的关键。如果看到信息在变化，我就能更好地针对变化提问，比如，我可以问"什么时候"或者"为什么是现在而不是那时"，等等。

对于研究者而言，变化往往是令人讨厌的，一项研究该拿去发表还是弃置一旁，可能就取决于变化。从本质上说，为了检验一个假设，不管这个假设是某种药物疗法是有效的，还是某种四弦小吉他教学法是有效的，研究者观察这种假设是否可以足够改善状况——大到可以观察到超出随机误差或者"正常"变化范围的差异。如果我检验一种增高药的效果，发现使用该药的每个人都增高了，而没有使用该药的人无一增高，那么我就很容易看到该药的效果（当然不是指副作用）。然而，事情很少有这么直截了当的。研究考察的状况变化越大，就越难判断处理是否有效。如果两组人里都有人变高了，但是用药组平均只增高了一点点，那么增高药是否有效，就取决于用药组的增高量是否具有统计显著性。如果没有，那么研究结论就不能发表，增高药——假设它原本可能很有市场——就很难推广。

还记得我在第一章里讲过的那项我和朱迪思·罗丁一起开展的研究吗？在那项研究中，我们让养老院的老年人负责照顾一个盆栽，看这样做能否让他们变得更有觉知并最终改善其健康。为了检验实验处理的有效性，我们使用了一种测量方式，让参与者的护理人员对其一系列心理健康指标进行评价——白班护理人员和夜班护理人员都要对每个参与者进行评价。从研究的角度看，如果所有护理人员对同一参与者的评价是一样的，那再好不过了。然而，扫一眼数据我们就发现，有些参与者在某个护理人员看来情况很好，而在另外一个护理人员看来情况并不太好。从护理人员的报告看，有些参与者在早晨的情况更好些，有些参与者在晚上的情况更好些。这些变化是否大到足以遮蔽静修的效果？我们发现不同的护理人员对同一参与者的评价是很接近的，如此一来，我们就可以下结论说，我们的假设是正确的并且研究成果也可以发表了。但是，有一个问题在我的脑海中挥之不去：到底是护理人员的评价存在变化（也就是说，同一参与者的情况在不同的护理人员眼中是不一样的），还是参与者本身从早晨到夜里发生了变化（这样的话，任何人都能注意到这一变化）？就像我们将要看到的那样，这些不同的可能性——我们彼此之间是不同的，我们自己在不同的时间、不同的人面前也是不同的——对我们的健康具有重要的意义。

用反芝诺悖论征服所谓的"不可控"

我们大多数人在上学期间都接触过芝诺悖论（Zeno's Paradox）。我认为芝诺一定是个悲观主义者。其中一个广为人知的芝诺悖论是：你在到达目的地之前，必须先到达全程的一半，一半之后又有一半，永远有剩下路程的一半要走，因此你永远也到不了终点。举个例子，我距离一个喷泉60厘米，每次都有剩下一半的路程要走，因此我永远都喝不到水。

他人眼中的乐观主义者，在我看来却是现实主义者。我发现了芝诺悖论的一个小小的、积极的用法，并把这一用法称为"反芝诺悖论策略"（Reversing Zeno's Strategy）。从我们所在之处到我们想去之处，总能迈出一小步，如果迈出这一小步，那么我们总能迈出第二步，这样继续下去，最终我们就能实现那些看起来遥不可及、无法实现的目标。我们在逆时针研究中的一段经历，正好可以阐释这一用法。

做好静修周的一切准备工作之后，我和我的研究生在哈佛大学心理学系的所在地威廉·詹姆斯大楼前面的停车场迎接参与者。在参与者和家人告别之后，我们告诉他们，已经安排好了去静修处所的巴士，并请他们上车。当我看着他们摇摇晃晃地上车时——有些人几乎是被抬上车的，我再次疑虑重重，问自己这是要做什么。但是很快，所有人都上了车，于是我们上路了。

一路上，我们听着20世纪50年代的音乐，包括纳特·金·科尔的《蒙娜丽莎》、约翰尼·雷的《哭泣》以及汉克·威廉斯的《你欺骗的心》（我明白了学生们为制作这样一盘磁带的付出，他们回溯到互联网存在之前的时光。我的学生们在音乐商店中到处搜寻合适的音乐并由我们自己录制磁带。因为他们对20世纪50年代的音乐知之甚少而且也不太喜欢，所以觉得这是一项艰巨的任务）。我们开着车，有些参与者透过窗户静静地看着外面的风景，有些则和身边的人聊天。

一路平安无事。于是，我又开始为即将到来的静修周感到兴奋了。抵达静修处所后，我的学生们迅速下车，去取一些静修周会用到但是还没有安装好的设备。在他们走了之后，我意识到，我是独自一人和8位老年人以及许多箱子待在一起。怎样把这些箱子搬到他们的房间呢？我的学生们不是来做侍应生的，而我一点儿也不愿做"侍应教授"，于是，我对他们宣布，各自负责各自的行李。听我这么说，他们先是惊讶得张开嘴，然后说提这么重的箱子让他们很为难,"我十多年都没提过包了""应该有个侍应生"。

我告诉他们不要急。我建议说,如果他们不能一下子把箱子拿到房间,可以慢慢地来,一次往房间的方向移动几米;如果一次移动几米也很困难的话,那么就一次移动几十厘米。我还建议说,他们可以打开箱子,一件一件地把里面的物品拿到房间里,多拿几次就可以了。有那么两位老年人犹豫了一下。但是,令我感到欣慰的是,其他老年人都没有提出理由表示反对。尽管这件事并不在计划之内,但是从一开始,他们就意识到,这次经历将和他们以往的经历大不相同——他们大多数人以前都被保护过头了。

每位老年人都选择了最适合自己的那一条建议。有几位老年人一次性就把箱子搬进了屋里,然后再搬进自己的房间。大部分老年人则是一次移动一小步,每走一步就停下来歇一会儿。然而,我能从他们的脸上看出来,这一任务让他们充满了力量。尽管刚开始时,他们都以为自己办不到,而且有些老年人确实是一步一歇,但是最后,他们都成功地在没有外人帮助的情况下将行李搬进了自己的房间。看着他们搬箱子的时候,我想起了一句古老的谚语:"千里之行,始于足下。"在反芝诺悖论策略中,一小步的定义是全新的,它是所在之处与想去之处的中途。

人有一种倾向,在看到某一事物是某个样子时,就以为它一定就是这个样子。也就是说,人容易拘泥于现状,看不到改变的可能性。然而，如果我们总能找到一小步可走，那么就意味着，我们视为必然的极限也许只是我们自己或者我们的文化在更戏剧化的情况下强加给我们的。几年以前，我在为一家养老院做顾问的时候，接触过一位上半身瘫痪的老年妇女。我问她："有什么事是你想做却做不到的？"她说希望能够自己擦鼻涕，因为她觉得连这都要人帮忙实在很难堪。

我开始在她身上做功课，让她将胳膊往鼻子方向抬高6英寸①。她做不到，然后我们不断地调低高度，直到她能够到。在这之后，我们又慢慢地调高高度。经过努力，迈出很多个一小步之后，她终于能够自己擦鼻涕了。

怀疑主义者可能会跳出来大喊："她可能根本就没有瘫痪，只是医生诊断错误罢了。所以，没有任何证据表明总有一小步可以迈出。"对于前一句话，我的回应是"是的"，医生说她瘫痪，可能是诊断错误，这正好说明努力帮她举起胳膊是正确的做法。另外，我们中有多少人会被医生做出类似的错误诊断呢？对于后一句话，我会回应说，我们的努力即使在这位老年妇女身上不起作用，也不意味着在其他任何人身上都不起作用。负面结果只意味着我们没有为支持假设找到证据，这和我们找到反对假设的证据完全是两回事。如果每当"不可能"发生就说是诊断错误，我们就放弃了质疑最初假设的机会。

---

① 1英寸相当于2.54厘米。——编者注

我们都可以说自己相信改进的可能性，可是只有当我们真的相信，改进才会发生。也就是说，当我们真的相信改进的可能性时，改进才更可能发生。总之，我们可以接受"我们不能掌控"的观念，这一观念可能是正确的，也可能是错误的。如果是正确的话，那么生命就没有意义；如果是错误的话，那么生命就会被浪费。现在我们接受"我们可以掌控"的观念。如果这一观念是错误的，亦即最后什么也没有改进，我们也不能肯定将来就不能得到改进，而且在寻找改进可能性的过程中，我们已经获益匪浅；如果这一观念是正确的，也就是说如果最后得到了改进，那么我们就征服了所谓的"不可控"。

如果我们患上了一种不可控的疾病，那为什么还要尝试拯救自己呢？这样做不会有多少意义。记住：实际上医学征服的每种疾病都曾被认为是不可控的，正是因为有人把它们看作"不确定"的而非"不可控"的，最终才找到了攻克它们的方法。

连科学家也经常把"不确定"视为"不可控"。一个人注意到某种现象，并且创造了一种理论来解释这种现象，然后，现象不断发生，理论被不断验证，直到这一理论被接受为真理。回顾一下这个过程，你会发现一个问题：整个过程就像用卡片垒房子——理论是第一层，随后的每层都是符合该理论的事实。然而，这些事实本来也可以用其他方式加以解释。因为理论预测了现象，现象就被视为稳定的，而实际上它并没有那么稳定。

这些验证并不意味着它所解释的现象不能从其他角度加以解

释。几年前，减少参与（disengagement）理论被用来解释为什么老年人通常不如年轻人那样积极参与社会生活。有人做了研究，结果发现老年人通常参与积极性会更小，于是首次验证了该理论。因为先有了一种理论让我们期待老年人参与社会生活的积极性会变小，所以我们过了一段时间才明白，参与积极性变小不一定是年纪大了造成的。在有关健康的问题上，类似的理论并不少。我们相信：我们的奔跑速度存在极限；我们的饮食不能超过某个极限；我们骨骼的愈合速度存在一个极限；要保证工作效率，我们的睡眠不能少于一个极限。类似的信念数不胜数，我只是列举了很少一部分。

勿让已知的理论和思想遮蔽你的双眼

一切事物都是一样的，除非它不断地发生变化。为什么我们难以看到事物其他可能的样子呢？因为紧密交织的各种思想和理论遮住了我们的眼睛。科学家用一系列互相关联的概率来阐释理论，这样，面对如此之多的"支持"证据，就很难抨击那些已成真理的部分。例如，我们非常清楚所有恐龙都长得一样，尽管我们谁也没有真正见过恐龙。最初，我们发现了几块恐龙骨头，然后某权威人士说这些骨头应该怎样组合，我们据此拼出了恐龙的模样。一旦有了这个起点，我们就很容易拼出其他恐龙的模样。后来，我们发现了更多的恐龙骨头，拼出了更多恐龙的样子。现在，假设我们发现了一种新的不同的骨头，科学家在把这些骨头完美地拼凑到一起后，构造出一种名叫谷谷龙的爬行动物。之后，假设我们发现了一块新的谷谷龙骨头，这块骨头不符合已有概念中谷谷龙的样子，那么我们必须找到多少块新的、不符合已有概念中谷谷龙样子的骨头，才能完全重构谷谷龙的样子呢？

例如，我们也许"知道"某些脑损伤是"不可逆转"的，并把其当作事实。如果接受"不可逆转"为可靠的事实，并以此来验证已有的理论，我们就会找到我们想要的信息；但是，如果我们问的是如何逆转某种"不可逆转"的脑损伤，那么我们就会找到另外一些不同的信息。也就是说，提问方式或者说已有观念能够左右信息收集的过程和结果。我们的医学之所以表现得越来越像研究者定义的那种样子，就是这个道理。

时刻关注变化，激发觉知状态

1961年，耶鲁大学心理学家尼尔·米勒指出，我们可以像训练随意神经系统（它能让我们抬高或者放下胳膊，也能让我们完成其他有意识的活动）一样训练自主神经系统（控制血压和心率等）。他的观点遭到了很多人的质疑。每个人都知道自主神经系统是自主的，是我们无法控制的。然而，他随后在生物反馈方面所做的研究发现（这些研究通过仪器让心跳之类的自主活动可视化），人们能学会控制自主神经系统。如果我们认识到自己能够控制看不见的东西，那么控制它似乎就不再那么难以做到了。一旦学会了关注变化，我们就会提出"我们观察到的变化可能是什么原因造成的"以及"我们可以做些什么来控制自己观察到的变化"这两个问题。

我和同事劳拉·德丽左纳、瑞安·威廉斯最近开展了一项研究，看看人们能否学会在把注意力集中到自己的心率变化之后控制它。我们把参与者分成四组：三个实验组（稳定组、中度关注变化组、高度关注变化组）和一个对照组。实验组的参与者每天都要通过把脉法监控自己的心率，并持续监控一个星期；其他两个实验组每天测量心率的次数和具体时间有所不同。稳定组每天测量一次自己的心率并且记录下来，可以在晚上快要睡觉的时候测量，也可以在早晨刚刚醒来的时候测量。我们期待这组参与者把自己的心率视为相对稳定的，也就是说，每天的测量结果没有多大变化。中度关注变化组的参与者每天测量两次，每天在什么时间测量是我们预先设计好的。我们期待这组参与者看到的心率变化是中等水平的。

高度关注变化组每天每隔三小时测量一次，这能在最大程度上保证他们的心率记录出现很大的变化。另外，我们还告诉这组参与者，如果他们觉得某次测量结果和前面的测量结果不同，就记下本次测量时他们正在进行什么活动。这样做的目的是让他们更加专注于变化。最后，对照组不用监测自己的心率，只是记录一周内进行的活动。

在正式开始之前，所有的参与者都完成了一份简短的为了了解他们控制自己心率的能力的问卷以及一项觉知力测试，然后被送回家。在监控自己的心跳一周后，参与者回到了实验室。在把参与者的记录收上来后，我们给他们布置了一个奇怪的任务：先提高自己的心率，然后降低自己的心率。我们没有告诉任何一个参与者怎样控制自己的心率，只是让他们在不改变肌肉紧张程度和呼吸频率的情况下运用意念来改变心率。

在提高心率这项任务中，稳定组和中度关注变化组的表现都不怎么好，但是高度关注变化组，也就是更有觉知的那一组，表现则明显好很多。尽管这一组并没有把心率提高多少，但是结果很有意义。有趣的是，对照组在努力提高心率，但心率反而降低了。那些在觉知力测验中得分较高的参与者，不管被分到哪个组，在提高自己心率的任务中都表现得比其他人更好，他们调节心率的能力也更强。我们不知道他们到底是如何做到的，但是我们关心的是，觉知的觉醒状态是否让他们找到了一种办法。

指导人们关注变化和使用生物反馈法都能激发觉知状态，这两种方式有类似之处，也有几个重要的不同之处。生物反馈法通过使用一个外部装置，比如心率监测仪，帮助人们获得对自主活动的控制能力。生物反馈法是一种非常重要的工具，值得对其进行更为全面的探索。而关注变化这一方法则不需依靠外部装置，针对的也不只是生理现象，其效果还可以推广到其他方面。运用这种方法，我们可以控制自己的生理反应、情绪和行为。也许，两者之间最大的不同之处在于，在生物反馈实验中，研究者要指导参与者改变自己的生理活动，而在我们的研究中，我们只是把高度关注变化组简单地放在了一种有利于改变自己生理活动的环境中。

不要成为病症的俘虏，病症永远不是稳定存在的

如果关注变化能够让诸如心率之类"不可控"的过程变得在某种程度上可控，那么我们采取了更明显的控制措施后，关注变化的效果也许会更好。比方说我们选择去关注哮喘之类的疾病。虽然我们学会把哮喘之类的慢性病看成一贯的、可以预测的疾病，就更容易对付它们，但是，在某种程度上，所有的疾病及其呈现的症状每天都在变化。哮喘患者的第一项任务应该是认识到，在与自身疾病相关的事物中，最顽固不变的就是自己对这一疾病的认识。实际上，病人经历的每次气短都和上次或以前经历的不一样，只是病人自己总是对此视而不见。

吸入器（吸药用）之类的医学设备助长了这种稳定性错觉。不管我们需要多少，吸入器每次吸入的药物量基本是相同的，它不能调节吸入量的大小，因此我们从不去考虑在某个特定时刻实际需要多少药物。如果一位哮喘患者注意到他这次发作没有上次严重（或者比上次更严重），他可能会问为什么会这样。情况也许是这样的：当他去拜访简时，他不需要使用吸入器；而当他去

拜访斯蒂芬时,则需要多吸几次才行。

注意到这一点后,他开始思考,什么东西会引起哮喘发作,怎样才能更好地应对它:也许,他会决定不应再去斯蒂芬家了;也许,他会调查一下两家之间的不同之处。意识到在某种环境下我们的症状更有可能发作,这本身就能给我们力量。意识到这一点后,我们就能踏上寻找解决办法的自励和觉知之旅。

我们可以关注各种疾病和心理过程。比如抑郁,一般而言,当我们抑郁的时候,我们几乎不想有人陪在身边,也没有兴趣做可能让我们摆脱抑郁的事情。我们会觉得没有什么人,也没有什么事情能让自己开心起来,而且认为和别人聊天或者做某件事情也许会让我们更不好受。通常,我们的对策是让自己退缩得更彻底,也不想改变环境,生怕那样反而更难受。熟悉的就是舒适的,我们会牢牢抓住熟悉的事物,避免可能出现的压力,即使这样做会导致或者加剧我们的退缩。抑郁者的心态就是经常认为自己总是抑郁的,认为抑郁就是他们生活中的一个常数因子。

还有一种不同倾向。当变得抑郁的时候,我们会想象自己正退回到一种熟悉的甚至必要的状况,一种与我们曾经历过的抑郁没有什么不同的状况。我们不去考虑自己当前的环境一定有什么不同之处,也不会试着找出这些不同之处。如果我们仔细审视就能知道,不管是什么事情,第一次经历它和第十次经历它一定有所不同。某一次抑郁也许是由一件很大的事情引起的,而另一次抑郁也许是由一件很小的事情引起的。如果注意到各次抑郁发作的不同之处，我们就能更好地应对它。人们之所以把抑郁看作一种稳定的状况，一个原因就是，当我们感到称心如意的时候，一般不会审视自己，包括自己的感觉。我们只是觉得不错，因此照常生活，不会为自己的良好感觉收集任何证据。而当变得抑郁的时候，我们便会问自己为什么不开心，并且开始收集抑郁状态的证据。也就是说，抑郁的时候，我们会问为什么；开心的时候，我们则什么都不问。结果，当抑郁袭来，我们对自己历来的情绪状态都没有一个完整的信息，几乎也拿不出证据来证明自己曾经开心过，这样就会导致我们认为自己一直是抑郁的。

如果有人鼓励我们去注意今天的抑郁与昨天的抑郁的异同，那会怎么样呢？我们会更能觉知到自己的情绪状态。当我们通过一种单一的属性——抑郁——来描述自己的感觉的时候（也就是认为我们的感觉要么是"抑郁的"，要么不是"抑郁的"），我们就无意中成了抑郁这个词的俘虏，在某种程度上（或者完全）感觉没有活力，因为我们没有真正地活着，只是存在着。现在，假设科学让我们明白抑郁症状不只一种，而是有五六种之多（它们类似但又不同），那么我们的工作就是弄清自己的抑郁症状属于哪一种。如果医生告诉我们，我们经历的抑郁症状也许不止一种：早上经历的是一种，晚上经历的又是另外一种，甚至在一天之内，我们可能会在好几种抑郁之间来回转换。那么，与其一味地不假思索地关注自己（我认为，一味地忽视自己正是抑郁的标志），我们应该去用心关注自己。具有讽刺意味的是，这种关注反而可能减轻我们的抑郁。

留意变化，用心关注，保持觉知

我们之所以牢牢抓住稳定性错觉不放，是出于以下几个原因。第一，尽管我们认识到在某种程度上周围的世界是不断变化的，但是我们并没有注意到，自己一直不假思索地把它看成是静止的。当我们保持觉知的时候，就会注意到。而当我们没有进入觉知状态的时候，就会心不在焉，而且不会发觉自己"心不在焉"。

第二，自出生的那一刻起，呈现在我们面前的就是绝对事实，而不是情境事实。没人教我们，年轻和年老或者健康和不健康之间的区别只是相对的，它们是社会意识的产物，其含义取决于具体情境。我们习惯于把世界理解成和看成像"1+1=2"那样的一套事实，然而，世界的微妙程度远远超越了这个等式。我们一定学过，只有在使用十进制的前提下，"1+1=2"才能成立；如果使用二进制，那么"1+1=10"；如果把一块口香糖和另一块口香糖加到一起，那么结果还是一块口香糖，也就是"1+1=1"。

教育体系放弃具体问题具体分析的做法，转而拥抱确定性。它把世界简单化了，使其看起来比实际情况更具可预测性。这样，我们便把自己教育成了凡事不加思考的样子。就像心理学家西尔万·汤姆金斯经常强调的那样，有些人认为世界等着我们去发现，另外一些人则认为世界等着我们去发明。"发现"事实、知道事实会给我们带来很大好处，因此，我们才牢牢地抓住稳定性错觉不放。我们不假思索地把世界看作稳定的、一贯的，但世界并不是这样的。一个人的抑郁和另外一个人的抑郁是不同的，同一个人在不同情况下的抑郁也是不同的，无论我们是否选择去注意。探究抑郁的本质会让人投入其中，而这种投入也许正好是治愈抑郁的良方。

不妨设想一下，如果我们的爱人被诊断为阿尔茨海默病，我们会怎样地用心关注爱人的状态。就像很多人了解的那样，很少有人会在每一天的每一分钟都表现出阿尔茨海默病症状，这也许会让我们提出一个问题：在没有阿尔茨海默病症状的时候，人们是否神志清楚？把这些重要但棘手的问题放在一边，我们仍然可以利用那些清醒的时刻。事实上，就阿尔茨海默病而言，偶然出现的清醒时刻令人心碎，因为我们了解并且爱着的那个人还在，可我们就是找不回来。如果认识到诊断描述的只是一种概率，那么，我们也许会更加密切地关注在哪些时刻我们的爱人更清醒（那些认为可能不存在任何清醒时刻的人可以考虑一下，比如，也许是在即将入睡的那个时刻，或者是在刚刚吃完饭的那个时刻）。这样做的好处就是，在与爱人互动的时候我们会更加用心，而爱人则得到了更加用心的关注。我们难道不该抓住机会珍视"神志健全"的时刻吗？比如，假设某家养老院采用了这种策略，就可以教会工作人员和家属留意老年人的变化，甚至教会老年人自己这样做。如此一来，老年人不仅可以留意彼此的变化，也可以留意自己的变化，甚至还可以留意工作人员以及家属的变化。这显然是一种更积极的做法。

有些患者的家属已经这么做了。通过留意爱人今天与昨天有什么区别（哪怕是很小的区别也要留意），他们认识到，还有希望找回爱人，与爱人继续恩爱。当我看到这一幕的时候，我觉得既有趣又悲哀，人们只有在爱人到了这般地步的时候才会对爱人如此用心，而不是自始至终如此。

这种用心的关注应该可以直接或间接地提高婚姻满意度。直接提高婚姻满意度是指，用心关注会让我们的爱人觉得自己被在意、被重视。我们不喜欢别人话里话外地说我们总是做某事或者从不做某事，我们不喜欢被刻板化。只有觉得别人看到的是此时此刻的我们，我们才会觉得别人在意我们，只有当别人持续关注我们的行为，这一切才可能发生。间接提高婚姻满意度是指，有觉知的感情更令人满意。实际上，在最近的一项研究中，我和我的学生莱斯利·科茨·伯比惊奇地发现，对亲密关系表现出越多的觉知，人们得到的好处就越多。在一段感情中，越是保持觉知，彼此就越能注意到对方行为和感受的细微变化。彼此会根据对方当时所处的特定情境理解对方的行为和感受，而不是笼统地加以理解。如果在一段感情中，我们彼此都保持觉知，那么，我们就更有可能站在对方的立场上考虑其行为和感受。这样，你在我眼中就是率直可爱的，而不是冲动莽撞的，始终如一、稳重大方的，而不是死板、僵化的。

多年以前，我的祖母被诊断为阿尔茨海默病。当时，我非常吃惊，想不到像她那样看起来很正常的人竟然会被诊断为阿尔茨海默病。无论什么时候我和她在一起，她的状态在我看来都很好，我也把她当作正常人来对待。我感觉很幸运，我们在一起度过了更有意义的时光。我的第一反应是医生诊断错了。几年之后，我了解到，被诊断为阿尔茨海默病的人也有清醒的时刻。然后，我明白了和一个被诊断为阿尔茨海默病的人保持有意义的关系仍然是可能的。最后，我想到了一个问题："她为什么在某些时刻是清醒的，在另一些时刻则不是？"如果我们提出这一问题，我们能否找到增加清醒时刻的方法？

任何一种病况消失或者减轻的时候，一定会有症候，忽视这个症候必然导致意外后果。如果我们想当然地期待同样的症状还会重新出现，那么，我们就可能把一些本不相同的体验归为类似的体验。例如，如果我有关节炎，觉得背部有些痛，也许我就不会想到要换睡垫。相反，我会以为这些疼痛都是关节炎造成的。如果我在不戴眼镜的情况下也能看清一些细小的东西，那么说我视力很差是什么意思呢？如果我看短信没有困难，那么我还是阅读障碍者吗？我们是我们，疾病是疾病，我们不该由疾病来定义、为疾病所限制。

上周，我和88岁的父亲一起玩牌，他能记住我出的每张牌，并且凭借这一本领打败我。后来，我们去了游泳馆，他在那里运动，能记住自己游了多少圈，知道自己还有多少圈要游。当天晚上，他告诉我，他的记忆出了问题。我问他哪类事情记不住，他也说不出具体是什么事情。他知道他曾把一些东西忘在了某些地方，他只是认为记忆出了问题，单纯就是记忆出了问题。他为什么不去区分自己的各种记忆问题呢？如果我偶尔（当我费力去看的时候）能够看清一些医生认为我看不清的东西，我为什么要接受我患了近视的诊断呢？

具体问题具体分析，解决的办法往往就会随之而来。我让父亲尽可能写下不能记住哪些事情，以期从中找到规律。我猜测，至少在某些时候，他会"遗忘"那些他不怎么在意也没想去记住的事情，而这正是遗忘的前提。如果情况确实如此，那么他就可以对自己宽容一点儿，或者开始多用点心识记此类事情，这样以后就有可能回忆起来。他甚至可以努力提高自己对此类事情的记忆力，这项任务并不像提高整体记忆力那样令人畏惧。我们大多数人都容易忘记一些具体信息。但是，大多数辅助记忆法都不针对具体情况加以区分，因此效果有限。我的父亲能够记住一天里的大多数事情，却对忘记了几件小事耿耿于怀。

相对于与日常生活没有什么关系的信息来说，我们更容易记住那些对我们有意义的信息。在一项早期研究中，我和同事鼓励养老院的老年人提高自己的觉知力。我们告诉实验组，每当他们弄清并记住我们要他们记住的信息时——比如，某项活动的举行时间，或者某个护理人员的名字——我们就给他们发一个筹码，筹码达到一定数量就可以兑换一件礼物。因为他们想要礼物，所以我们让他们记住的信息就对他们有了意义。整个实验持续了三个星期，实验即将结束时，我们进行了评估，想看看干预是否有效。我们发现他们的记忆力改善了，于是得出结论：当识记有意义的东西时，记忆力会格外敏锐。最后一天，我们进行了几项认知能力测验，其中一项测验是让他们描述室友，另外一项测验是找出熟悉物品的新用途。这一记忆干预方式也显著延长了他们的寿命。在追踪研究中，我们发现，实验组的参与者中只有7%的人去世，而对照组的参与者中超过28%的人去世了。

一般观点认为，随着年龄增长，长时记忆会保持不变，而短时记忆会减弱：上了年纪的人经常记不住刚刚见过的人的名字，却能毫不费力地讲述过去经历的细节。我们记住的往往是对我们有意义的东西（不管年龄大小），这一观点和神经科学领域的最新研究成果一致。密歇根大学心理学家德里克·尼、马奇·伯曼、凯瑟琳·斯莱奇·穆尔和约翰·钟尼兹对记忆的研究表明，记忆是一元的，不能划分为长时记忆和短时记忆。根据据此建立的新的记忆理论，我们会认识到，随着我们年龄不断增长，记忆力衰退并不会像以前我们认为的那样严重。如果我们真的只会记住对我们有意义的东西，那么情况很可能是这样：老年人生活在一个为年轻人创造的世界里，这一世界与其个人关系不大。

我们看待世界的可能方式有四种：总是用相同的方式看待不

同的事情；用不同的方式看待相同的事情；用相同的方式看待相同的事情；用不同的方式看待不同的事情。然而，我们忘记了，什么是相同的、什么是不同的是由我们自己决定的。我们习惯于在中间层面看待具体事物。比方说，我们观察一张桌子，一般来看，它是一件家具；具体来看，它是某种类型的桌子。对我们大多数人来说，桌子就是桌子，除非我们在做家具生意或者在为新房配置家具。改变桌子的位置——从旁边移到中间，用作咖啡桌——同一张桌子就会变得很不同。期待事物保持不变，会使我们放弃用心留意和创造细微区别的机会。我们不必如此。我们可以有意识地寻找区别，然后选择是否要有区别地做出回应。在具体层面上，没有哪样事物永远是一样的。

注意缺陷多动障碍（ADHD），俗称多动症，被当作一种一般性障碍，其症状为难以集中注意力，伴有学习能力、记忆力受损。实际上我们做的一切事情多多少少都是需要注意力的，而那些被诊断为 ADHD 的人能够在很多事情上集中注意力。如果不笼统地说注意缺陷多动症就是难以集中注意力，而是把焦点放在具体层面上，那又会怎样？具体是什么时候难以集中注意力？早上还是晚上？平时还是假期？具体是在哪些事情上难以集中注意力？是记住医生诊室的位置还是新认识的人的名字？是不是在有些情况下可以集中注意力，而在另外一些情况下则难以集中注意力？比方说，是不在意时，有压力时，或者当别人告诉你该做什么时，你难以集中注意力？

关注欲望、需求、才干和技能方面发生的变化，我们更容易找到自己想要的那种健康。因为我们以为自己知道，于是把事物看成是静止的，这种做法，无论是从字面意义上还是比喻意义上说，让我们看不到什么地方需要加以改进。稍微长高了一点儿、呼吸发生了变化、小便颜色发生了变化，这些变化常常被我们忽略，直到小变化积累成大变化。即使我们确实留意到了，有时也不想去面对，因为我们感到无助。但是，这些迹象都表明某些事情需要我们加以关注，而它们——第一次变化——早在我们留意到之前就出现了。普通人固然常常忽略这些迹象，就连医生也容易忽视那些可能很有意义的小异常。

在养生保健这件事情上，我们要尽可能采取互帮互助的做法。你帮我注意那些好像与我的症状一起发生整体性变化的外部因素，我帮你注意你的。责任虽然仍归我们本人，我们的亲朋好友却能像医生一样帮我们指出这些因素。在这一点上，可以想想上了年纪的父母。成年子女在照顾上了年纪的父母时，经常会觉得很无助，在很多情况下，他们把父母当作婴儿来照顾，以致对父母保护过头。我们经常忘记，父母是否想戴助听器应该由他们自己来决定。有些老年人也许不想听子女或者护理人员觉得不得不说的话。我有个朋友，他的婶祖母是民主党支持者，叔祖父是共和党支持者，在这对老年人开车从波士顿出发前往镇里投票的时候，婶祖母会把助听器关掉。更为重要的是，听力就像大多数其他东西一样，不大可能立即消失；在不同的环境下清晰地听到不同声音的能力，也不大可能立即消失。也许他们的听力并没丧失，只是他们缺乏听的兴趣。如果我们注意父母听力的变化，留意在什么时候以及哪些环境下他们的听力特别好，在什么时候以及哪些环境下他们的听力又特别差，那就会发生两件事：第一，我们不再觉得自己很无助；第二，我们的父母也许会发现有用的信息。但是，大部分人都没有这样做，我们心里认定父母的听力基本上丧失了，嘴上也这么说（当然都是有害无益的话），还在父母不需要我们大声讲话的时候冲他们大喊大叫。

留意变化是觉知的本质。不要担心这样做会耗费你很多精力，让你没有时间做其他事情。实际上，觉知非但不耗神，反而还能提神。

第四章

到底是谁为
健康标准设了限?

我们看到的不是事物的本来面目，而是我们心中所想的样子。

——阿奈·宁（Anaïs Nin）

最终，所有8位老年人都把箱子搬进了各自的房间。房间的整体布置并不精致，但是，每位老年人都有单独的房间。每个房间的装饰也不算时尚，只是随意摆放着一些物品，比如一件瓷器或者一个花瓶，都是20世纪50年代时的样子。这让参与者大吃一惊，他们大部分人原以为自己只是在养老院里住上一周。

除非你自己到养老院住上一段时间，否则很难想象住在养老院是什么样子。每个人房间的房门都一直开着，什么事情都是别人替你做，日程是别人给你安排好的，你无法选择什么时候吃饭以及吃什么，无法选择什么时候洗澡，无法选择去哪里或者不去哪里。刚开始与养老院的老年病人合作时，各种景象让我感到很难过：他们坐在那里无所事事，在生活的任何方面几乎都没有选择权。我问养老院的工作人员，房门为什么一直开着，工作人员回答说，关上门的话容易引起火灾。我又问工作人员，最近一次火灾发生在什么时候，工作人员回答："从来没有发生过火灾。"

我们为静修周选择的房间能为参与者提供私人空间，还要求他们承担责任。就像在20年前一样，他们不仅可以选择什么时候吃饭以及吃什么，而且还被要求参加饭前的准备以及饭后的收拾工作。对他们而言，这一周将是与众不同的。尽管我们仔细地看护着他们，确保他们安全，不过他们基本上是独立自主的。

还记得吗？当初设计逆时针研究的时候，我想找一些能够确切测量我们是否逆转或者延缓了生理年龄的最佳指标，结果没有找到。我们给几位一流的老年医学专家打电话咨询，问他们："如果一个房间里有一个70岁的人，另外一个房间里有一个50岁的人，并且我们可以对这两个人进行任何指标的测量。如果我们要仅凭测量结果判断哪个房间里是70岁的人，哪个房间里是50岁的人，那么您认为最可靠的指标是什么？"答案是他们的实足年龄。年龄需要重新加以解释。为什么我们会把疾病、衰弱和变老联系在一起呢？为什么我们认为，人一过50岁，性欲、耐力、平衡能力和感官能力都会下降呢？这话是谁说的？怎么能判断这是不是真的呢？现在很多人相信，65岁的人就老得不能从事公职了，老得不能收养小孩了，老得不能独自打网球了。很多人认为，80岁的人就虚弱得无法自理了，记性差得不能做饭了

（免得忘记关炉子），颤颤巍巍不能骑自行车了，糊涂得不可信了（如果老人说那些折磨他们的病痛在好转而不是在恶化）。

静修周刚开始时，通过偷听参与者之间的谈话我们明白，他们都接受上述看法，清楚自己的"极限"。他们"知道"哪些食物自己容易消化，他们只吃那些食物。而且，因为他们认为自己的味蕾退化了，所以不愿冒险尝试其他食物。尽管可以自由活动，他们从不考虑去做运动，除了那些依据他们的病史可以进行的运动之外。当约翰的睡眠时间比以往稍微长一点儿的时候，当患有关节炎的保罗被要求刷洗自己的盘子的时候，他们都觉得有压力。弗雷德有点儿不同，他鼓励其他人做以前没有做过的事情，有几个人这样做了。让他们吃惊的是，一切都进行得有条不紊。他们不再认为自己"不能"做某事，而是"积极地参与各种活动"。他们那些关于可能性的观念，或者更准确地说，关于不可能的观念，是怎么形成的呢？

别纠结，健康标准是因人而异的

每天，我们都会看到，昨天还被认为是真的事情，今天却被发现是假的。例如，以前人们认为黄油较好，人造黄油是唯一的选择。现在，人们知道黄油并不好，最好使用橄榄油。只要想跟上医学研究的最新发现，我们就会觉得有压力，这种压力足以危害我们的健康。这就像伍迪·艾伦的电影《傻瓜大闹科学城》中的一幕：主角沉睡了很长一段时间，醒来之后发现一切坏事情又变好了。

"减肥吧，否则你会后悔！"这条保健建议该为我们文化里无处不在的节食狂热承担部分责任，这也是某些人服用危险药物减肥的原因。曾经有很长一段时间，人们认为肥胖是心理上的失败，是缺乏意志力的结果。随着时间的推移，研究者开始考察肥胖基因，发现还有更多的因素在起作用——有50多种基因决定我们吃多少、我们有多爱运动以及我们的身体消耗多少热量。肥胖问题变得更加复杂了。一项研究表明，连饮食习惯非常相似的双胞胎，体重也会大不相同。对他们而言，至少体重似乎并非由食量和基因决定。

如果既不是缺乏意志力也不是基因让我们变胖，那么也许还有别的东西在起作用？在一项有关病毒对肥胖影响的研究中，理查德·阿特金森和尼基尔·杜兰达尔发现，30%肥胖的研究参与者具有一种常见腺病毒（这种腺病毒能引起一些我们大多数人几乎注意不到的小病）的抗体，而不肥胖的研究参与者中，只有11%的人具有这种抗体。总的来说，那些病毒检验结果呈阳性的参与者体重明显超过那些结果呈阴性的参与者。进一步的研究表明，并不是胖子更易感染这一病毒，也不是他们的基因在起作用。也许肥胖本身就是一种疾病？不要那么快下结论，因为其他研究者说，现在还没有这方面的证据。

那么，肥胖到底是怎么一回事？是我们情不自禁地在餐桌上逗留太久，还是我们的胃口天生就很好？是我们得了肥胖病，还是有其他因素在起作用？结果发现，肥胖问题并不像大多数人想得那样简单，科学家也不能给出一个确切的答案。很可能，体重由很多因素决定，而具体因素又因人而异。

这种不假思索地对待健康信息的做法，我们在第一章就已经说到了。我们容易盲目遵从医生的建议，当医生给出的建议时而这样、时而那样的时候，我们就会无所适从。这不是科学的错，从很多方面来说，医学建议赖以为基的数据是不完整的。人体是一个错综复杂的系统，其中存在很多生化过程，这些生化过程相互作用的方式受到每个人独一无二的基因及其所处环境的影响。基因因素有很多，环境因素也有很多，把所有的因素都同时纳入医学实验加以考察是不现实的（同时考虑两三个因素就已经够复杂的了），没有哪个研究者愿意去尝试，因为这是一项不可能完成的任务：解读极其复杂的数据，从中找出因果关系。

如果想成为自身健康的好管家，那么我们先要知道与健康有关的必要事实。医学告诉了我们很多健康知识，但是医学并不完美。只有认识到医学是怎样建构事实的，我们才能学会掌控自己的健康。我们不可能知道有关自身健康的一切，但是，认识医学知识是怎样发展和应用的，我们就能用觉知去理解自己的健康。我们都容易盲从医学建议，但是在仔细研究后得知支持这些建议的数据都是不完整的情况下，我们就不大会这样做了。

评价我们健康状况的工具都是由人创造的，因此是不完美的。利用这些工具测出的都是概率结果。也许这些诊断工具确实能够成功地预测群体的情况，然而，个体和群体是截然不同的。

科学研究得出的结论是概率，而非绝对事实

从1996年到2006年，寻求心理治疗的人数增长了150%。前来求助的人提出问题的数量和种类都增多了。心理治疗师和临床医生面临压力，他们要理解这些问题并将它们分类。哈佛大学精神病学专家戴维·布伦德尔在其著作《康复精神病学》中讨论了应用科学手段治疗精神疾病的一些问题以及"精神科学主义"的迷思。他注意到，临床分类方法并不实用，病人的情况往往十分复杂，很难归类。就像他的同事史蒂文·海曼描述的那样，问题在于："我们没有像血压袖带或者脑扫描那样能够用于诊断的工具。"确实，科学研究只得出概率，却被研究者、教科书作者、媒体、教师转化成易说易教的绝对事实。这让我们自以为知道很多，而实际上我们所知甚少。几乎所有的科学都被这样日益简单化了。

被我们轻信的诊断信息，大部分也面临着简化或者过于简化的问题。医学界使用的"客观"测量也同样可疑。例如，大约5 000万美国人患有高血压，它可以引起很多问题，比如中风、动脉瘤、心力衰竭、心脏病发作以及肾脏损伤，但是很容易被忽视。另外，西德尼·波特、琳达·德默、罗伯特·延里希、唐纳

德·沃尔特以及艾伦·加芬克尔在一项有趣的研究中指出，现在仍然有人在激烈地争论血压和死亡率到底是什么关系，甚至在争论降低血压是否有效。因此，30%的高血压患者可能受到不当治疗。我们之所以忽略这些问题，是因为我们的血压值和高血压诊断标准看起来是如此客观：收缩压140~149为临界高血压，160~179为中度高血压，180以上为重度高血压。而在上面提到的疾病中，有几种疾病的早期症状几乎完全是用血压值来描述的。

对一种疾病的概述也许能告诉你怎样识别它，患有这种疾病的人通常会表现出什么症状，这种疾病一般会怎样发展，对于大部分记录在案的患有这种疾病的人来说哪种疗法最有效。但是，这种基于一般情况的概述，无法告诉你该疾病在具体时刻的具体情况。

生物学家杰弗里·戈登的解释方式很有趣，他用一碗早餐麦片解释了为什么我们每个人的反应都是独一无二的。麦片的盒子上写有"一碗含有110卡路里"之类的信息，但是每个人从一碗麦片里面摄取的热量不一定正好是110卡路里，有的人摄取多一点，有的人则少一点，到底摄取了多少取决于每个人肠道微生物的组合情况。他解释说："定量的食物含有的热量是固定的，但是每个人能从中摄取的热量值是不一样的，尽管区别并不大，但是，如果一天几卡路里的差别就能影响到热量平衡的话，那么长期下来就会在体重方面造成很大的差别。"

虽然我们相信科学，但是，人的心理系统和生理系统太复杂了，我们不能说医学界绝对不会出错。我们必须关注观测和疾病之间的相关性，而相关性是非常不完美的。再次强调一下，科学研究得到的是概率，这些概率被研究者、他们的教科书、媒体、教师、父母、朋友、企业管理者等人转化成具有说服力、容易传达的绝对事实。我们学习的是在某些情况下可能发生的事实，但是应用时却把它当成了在任何情况下都会发生的事实。如果他们在传授这些事实时就告诉我们，它们在某些情况下可能发生，而不是在任何情况下都如此，那么，我们也许就不大会不假思索地全盘接受了。而且，我们也会觉得质疑和推敲这些结论（当然是在这样做对我们最有利的时候）是一件比较容易的事情。

对于一大群病人来说，医生的诊断工具具有很高的预测成功率。但是，再次强调一下，个体和群体是截然不同的。研究发现并不是绝对事实，任何一个变量只要发生细微的变化，都可能导致研究结果发生很大的变化。例如，如果想检验一种药物对肌肉力量的影响，就要决定选谁做实验对象、怎样向他们交代这项研究、使用多大的剂量、在什么时间以及什么情况下让他们用药，最后，我们还得决定肌肉力量产生多大的变化才说明药物有效。在每一次的科学研究中，我们都要做无数个诸如此类的决定，它们是形成医学知识的"隐性决策"。

再次强调，医生也许能识别一种疾病，描述该疾病的症状、病情发展，指出对于大部分患者（记录在案的）而言哪种疗法最有效，但是，医生无法预测个体在任何给定的时间或者在一段时间内，其特定身体部位的感觉的性质、位置、强度和持续时间。医生不知道个体的感受以及个体对这些感受的关注程度。医生同样也无法得知个体在想些什么或如何应对（包括对自己的状况、身体以及病情预后的态度）。医生不知道个体在特定时间会做出什么选择或表现出什么样的行为。简而言之，平均值最多只能告诉你人们总体上的体验以及总体上的检测结果，不能告诉你个体的具体情况。

对于有效的、道德的、有意义的医疗护理来说，诊断、预断、研究方法和统计数据都是必需的。但是，因为医学问题具有内在的变化性并因而具有内在的不确定性，所以，医学就像所有其他研究领域一样，不应被看成一个答案集，而应该被视为一种提问方式。

发现问题并提出问题并不容易，因为事实一直在变化。锻炼当然对我们有好处，但是，内科肿瘤专科医生菲奥娜·奇奥尼在刚刚做过的一项研究中发现，经常锻炼的女性更可能患卵巢癌。

锻炼有好处，也可能有坏处。事实会变化，信息不会保持静止。这不是医学的错，而是科学的一种普遍现象。以身体的复杂性为例，因为存在多种基因因素和环境因素，所以身体的任何一个部位都可能影响到另外一个部位。你对某种东西——比如开心果、昆虫、清洁剂或者某些花等——严重过敏，那么你的整个身体都可能受到影响。鞋子或者双肩背包稍微有些不对称，或者伸手去够掉在沙发背后的笔，那么你的整个身体也可能因此受到影响。我们每天在处理各种琐事的过程中都会接触那些可能引起问题的东西，对我们当中的某些人而言，比方说，那些先天就非常容易受伤的人，这些东西可能是致命的。任何一个实验都无法把所有这些因素全部考虑进去。

积极的心态能直接影响我们的健康状态

不是每个人都对统计学概念感兴趣，但是，谈到健康，我们还是得花点时间来理解和领会两个重要的统计学概念——相关和回归。任何一本统计书都包含下面这句话：相关不是因果。相关的概念很简单：如果两个事物具有相随变动的关系，那么这两个事物就相关；一个事物在量上增长，另外一个事物也跟着在量上增长，则这两个事物正相关；一个事物在量上增长，另外一个事物在量上减少，则这两个事物负相关。然而，两个事物相关，并不意味着其中一个事物一定能触发另外一个事物。例如，尿频和糖尿病相关，但是，一天上很多次厕所并不会引起糖尿病（也不意味着你已经得了糖尿病）。相关很少是完美的。如果相关具有统计显著性，则大部分情况下两个事物是相随变动的——根据一个事物可以预测另外一个事物。有时候，两个事物不是相随变动的——不能由一个事物预测另外一个事物。

不理解相关和因果之间的区别，极可能会带来严重的后果。如果我们身上长了一个肿瘤，并且如果肿瘤和早亡相关，我们不能说身上的肿瘤一定会让我们早亡。除非我们做实验，证明两者之间存在因果关系。因为起作用的变量有很多，所以进行一项纯粹的因果研究是相当困难的。心理暗示也会对自己的健康造成很大的影响。如果心理暗示肿瘤一定会让自己早亡，那么我们也许会放弃希望。这样的话，也许是放弃希望导致了我们早亡，而不是肿瘤。

最近有研究表明，青少年时期之前就肥胖的女孩，在成人后更可能变成胖子，患心脏病的风险也更大。这一发现也许会让一些女孩选择更健康的食物，加强锻炼。到目前为止，一切都还不错。也许有些女孩知道这一点，但是减肥不成功，即使她们已经努力了。减肥失败，加上这一研究发现，她们也许就放弃并屈从于命运了。她们也许会因为恐惧和沮丧而吃得更多。这样的话，这一发现可能会间接地导致一些不健康的行为。医学界只是在很久之后才承认了这些影响。

心理学家开展过很多富有洞察力的研究。他们把动物置于无助的境地，看看会造成什么影响。例如，马丁·塞利格曼等人做了很多有关习得性无助的研究，发现很多动物放弃希望之后确实会早死。塞利格曼及其同事用狗做实验，把狗分成三组，并用鞍具拴住了这三组狗。对照组的狗只是被拴了一段时间，然后就放开了，另外两组狗被成对地拴在一起。在第一组中，每对狗都被施以电击，但是，只要其中一只狗按一下前面的杠杆，电击就会停止。在第二组中，每对狗也被施以同样的电击，但是它们前面的杠杆是没有用的，不管它们怎么按电击也不会停止。第一组狗迅速从电击经历中恢复过来；第二组，也就是习得性无助的狗，则表现出了类似于慢性临床抑郁的症状。

接下来，他们对所有三组狗进行了"穿梭箱"实验。在穿梭箱中，狗被施以电击，但是，它只要跳到较低的一个地方，就能躲避电击。最后一组狗，也就是那些习得性无助、无法控制自己命运的狗，大部分只是被动地躺在那里呜咽，甚至都不去试着躲避电击。

也有人用老鼠做过类似的习得性无助实验。研究者将老鼠分为两组，一个实验组，一个对照组。实验组的老鼠先被紧紧地抓住，直到其放弃挣扎、不再逃跑。对照组的老鼠则无此经历。接下来，把两组老鼠都放入冰水中。结果，对照组的老鼠奋力支撑了数小时之久，而实验组的老鼠很快就死了。尸检报告表明，实验组老鼠的副交感神经系统已经死亡，也就是说，它们死得很平静，因为屈从于命运。

心态也能对人类造成类似影响。塞利格曼、克里斯托弗·彼得森和乔治·瓦伦特重新分析了1946年对哈佛大学的一群25岁男性做的调查问卷的结果。根据每位男性的答题情况，研究者将他们分成两组：一组对生活事件普遍持有积极态度，另一组则对生活事件普遍持消极态度。研究者还追踪调查了这群男性的身体状况，结果发现，尽管两组男性在45岁以前的健康程度大抵相同，但是在45~60岁时，消极组男性的身体状况明显差于积极组男性。

另外一项有趣的研究考察了中国文化的命运观。在分析了一群成年华裔美国人的死亡记录之后，研究者发现，患有某种疾病而且其出生年份按照中国皇历和中医来说有某种关联的华裔美国人病死率更高。例如，1937年是火年，与火年有关的身体器官是心脏，与其他在非火年出生的华裔美国人相比，出生于1937年的华裔美国人更易死于心脏病。这是因果关系吗？我们不知道。我们只是发现了一种有趣的、令人好奇的相关关系。

积极的心态也能带来积极的影响。心理学家谢尔登·科恩及其同事在这个领域做过一些非常有意思的研究。他们让参与者完成评价其情绪风格的问卷，然后在参与者的允许下把他们隔离起来，使其接触能够引起感冒或流感的病毒。他们发现，快乐的人更不容易患上感冒或者流感。说到心态，我要指出一点，这可能是老年人优于年轻人的地方。心理学家劳拉·卡斯滕森发现，老年人相对不太会消极地看待问题。这应该能让老年人更快乐，并且能给他们的健康带来积极的影响。

心理学家迈克尔·沙伊尔和查尔斯·卡弗发现，乐观主义和冠状动脉搭桥手术的恢复情况存在相关性。另外一些关于心态对身体康复的影响的研究发现，持有乐观信念的人之所以恢复得更快，不是因为他们否认自己生病了，而是他们更关注自己的恢复情况，这种关注本身就有助于身体的恢复，也有助于预测并发症。这种乐观主义和觉知高度相关（也许还是因果关系）。众所周知，病重的人通常会坚持到某件重要的事情发生之后才会放弃生命。与此类似，如果一对老年夫妇中有一方去世了，另一方很快也会去世。

放弃的后果相当严重。当我们了解到一种相关关系，比如，得了癌症的人必死无疑，并且不假思索地把它当作一件必定发生之事，那么一纸癌症诊断书就会无声无息地让我们成为自我实现预言[①]的受害者。可恶的是，任何心理因素导致的死亡只会进一步肯定"癌症确实是杀手"这一观点，让癌症和死亡之间的相关性变得越来越真实。

极端的变化：回归

要成为有觉知的健康学习者，就要理解第二个统计学概念——回归。回归指的是行为、感受和事件在其平均数周围变动的现象。如果在网球比赛中，我这次发球局打得非常漂亮（这一事件对我来说非常值得注意，因为它是如此不同寻常），那么下次发球局也许就没有那么漂亮，而是接近我的平均成绩。如果我这次发球局打得非常糟糕，那么同样，下次发球局也许就没有那

---

① 自我实现预言，指的是个人一旦有了将要发生某事的心理暗示，某事真的就会变成现实。——译者注

么糟糕。统计学家把这个效应叫作"均值回归"。

因为存在均值回归，我们倾向于认为，惩罚是比表扬更有效的反应方式。我们很容易注意到极端情况。如果某次发球局我打得非常棒，你表扬了我，那么下次我也许向均值回归，于是，我可能会认为是表扬使我退步了。如果某次发球局打得非常糟，你批评了我，那么下一次我也许会向均值回归，于是，我可能认为是批评——或者说"我要证明给你看"——让我进步了。当然，让这一切变得复杂的是，有时我们确实会吸取教训。那么，现在问题变成：如果下一次发球局打得没有那么糟，是因为我吸取了教训还是因为向均值回归？我们不知道。

具有讽刺意味的是，向均值回归这一自然过程经常会让我们尝试的任何疗法看起来都是管用的。弗朗西斯·培根认为，瘊子可以通过用猪皮擦拭治愈，因为他有过成功的经验；乔治·华盛顿认为，把一对3英寸长的金属棒在他的身体上过一遍，就能治愈他的各种身体疾病；实际上，殖民时代的整个医疗界都认为，水蛭放血疗法可以让人恢复健康（不幸的是，乔治·华盛顿就是死于这种疗法。一次，他得了咽喉炎，医生用水蛭帮他放了血，结果他死了）。我们不难得出结论，称培根、华盛顿以及其医生的做法是不科学的。但是，我们自己却一直在使用同样的推理方式。再次强调一遍，我们只注意极端情况了。几天前我觉得身体有点痛，而现在更加痛了，所以我最好吃点药。第二天，我觉得好了些，于是我认为这一定是灵丹妙药。

一开始症状较轻，我们一般不当回事。等症状变严重了，我们才会采取行动。接下来，病情可能会好转。那么，我们好转是因为向均值回归，还是因为药物起了作用？有时确实是药物起了作用；有时，我们只是错误地把效果归功于药物。不管是哪种情况，我们很难知道好转的真正原因。

症状不是疾病的可靠线索

尽管，一个有觉知的学习者应该关注身体传递给自己的信息，但是，能否区分哪些信息是值得关注的以及哪些信息是可以忽略的，却可能是觉知和疑病之间最本质的区别。感觉发展到什么程度才算症状呢？当然，识别症状所花的时间越长，问题就越严重。然而，如果一有异样的感觉就去看医生，那么我们就没法正常生活了。有了什么感觉，我们才能考虑是身体出现了症状？谁来做最终的决定？身体痛了多长时间、痛到什么程度之后才算是问题？我们需要更加认真地考虑症状，既要考虑我们自己对症状的看法，也要考虑医学界对它的看法。事实上，症状并不是疾病的理想线索，两者之间的相关性并不很理想。

通常，我们会把两种不同的症状混为一谈，尽管区分对待它们也许会更好。一种是直接症状，是不证自明的，比如疼、痛、发烧等，我们自己就可以觉察出来；另外一种是间接症状，比如高血压、心律不齐、胆固醇水平、血糖水平等，要靠医学手段来检测。前面那种是显而易见的，需要我们加以注意，症状本身就是问题，而不是表明有其他问题。后面那种是医学界告诉我们的，用于监控我们的健康状况，提醒我们自己可能患上了某种疾病。我们先从后面那种讲起。

很多间接症状并不是揭示疾病的理想线索。例如，让我们看看胆固醇水平以及它与心脏病之间的相关性。研究发现，高胆固醇水平之类的症状和心脏病相关，但并不是每个胆固醇水平较高的人都有心脏病。尽管高胆固醇水平和心脏病之间的相关性对处在与研究对象类似情况下的很多人来说是有意义的，但是，对不同的人来说，它也许是有意义的，也许是没有意义的。

假设我的胆固醇水平非常高，这意味着如果不降低胆固醇水平的话，我很可能会心脏病发作或者中风。这一信息本身就给人造成了很大的压力，也就是说，本身就不利于我的健康。于是，我遵照医嘱降低了胆固醇水平，然后就以为万事大吉了（当然，忽略其他一切会让我更容易患上与胆固醇水平没有直接关系的疾病）。假设我吃了药，降低了胆固醇水平，那么有关胆固醇水平的压力就消失了。现在，我不用再担心心脏病发作了。

这就像安装了一个火灾报警系统一样。我安装了报警系统，所以不用担心火灾。有了报警系统，就可以忽略问题本身，因为报警系统会为我做这些工作。如果对一些细微的线索不加留意的话，当报警系统失灵的时候，我也许会不知不觉地被大火围困。对外部"装置"的这种依赖，可能会让我变得对内部和外部环境不那么敏感，以至于我可能注意不到烟味，而在安装报警系统以前我本来是可以注意到的。当我开始服用降低胆固醇水平的药物，我可不想变得对自己身体变化的反应迟钝到忽略或者不理会心脏病发作的前期征兆的地步。

从那些胆固醇水平较低的人身上，我们发现有关胆固醇水平和心脏病关系的相关研究是有问题的。既然低胆固醇水平和心脏问题没有关系，那么，胆固醇水平较低的人也许就会认为他们不必担心心脏病发作。既然胆固醇水平和心脏病之间的相关性并不理想，那么，胆固醇水平较低的人可能也会有心脏病——在毫无预兆的情况下发作。这并不意味着我们不该测量胆固醇水平、血压等指标，而是意味着我们不应该不假思索地依赖它们。让它们引导而非控制我们的思考，会对我们更有利。需要申明一下，我并不是反对医学检查，我只反对不假思索地依赖它们，而且反对医学检查可能导致的人们那种盲从的心态。

我们还要认识到，医生向我们传达信息的方式也可能对我们的选择造成很大的影响。《计算风险》（*Calculated Risks*）一书中有一段关于乳腺癌筛查的精彩讨论。作者格尔德·吉仁泽描述了介绍乳腺X射线检查效果的四种方式。第一种方式是介绍风险相对降低率，也就是说，医生告诉病人，乳腺X射线检查会把死于乳腺癌的风险降低25%。这并不意味着100个人中有25个人获救。作者解释说，在1 000个做过乳腺X射线检查的女性中，有3个人死亡；在1 000个没有做过乳腺X射线检查的女性中，有 4 个人死亡，而把 4 降到 3，就是降低了 25%。因此，做不做检查的区别，远远没有医生说的那么大。

第二种方式是介绍风险的绝对降低率。医生告诉病人，每对 1 000 个女性做过乳腺 X 射线检查，能减少 1 例死亡。第三种方式是说，为了挽救 1 个人，得让多少人做检查，在这里是 1 000 个女性。第四种方式是，医生可以告诉病人，做乳腺 X 射线检查会让 50~69 岁的女性寿命延长多久。令人吃惊的是，做乳腺 X 射线检查只能让她们的寿命平均延长 12 天。受第一种具有误导性的介绍方式的影响，我们可能会去做乳腺 X 射线检查；受最后一种介绍方式的影响，我们可能不会去做检查。信息传达方式是很重要的，但是医生常常意识不到信息传达方式的影响。有人也许会说，做乳腺 X 射线检查不会给人造成伤害，所以，也许所有的医生都该采用第一种介绍方式。然而，我们可能会因此付出另外的代价——误诊，也就是把没有得乳腺癌的人诊断为乳腺癌患者。误诊造成的心理伤害是非常严重的！

慎重思考医生的"隐形决策"

每天，医疗界都要基于不完全的信息做出决策，而且还要在形成知识（他们运用并且传递给我们的知识）的过程中做出很多隐性决策。医生的工作一点儿也不简单，比表面看起来的要复杂得多。

比方说，我们去做一次活体组织检查，以弄清自己是否得了癌症。我们大多数人都期待检查程序是明确的。我们到了医院，让医生取出活体样本去检验。我们期待医生很快就明确告诉我们，是得了癌症还是没得癌症。但是，癌细胞上面没有贴标签，医生必须检查每个细胞以确定它是否是癌细胞。区分一个细胞是癌变的还是健康的有多难呢？病理学家和主治医师必须慎重考虑所有的重要问题。

- 需要多大的样本才能得出精确的诊断？
- 多少比例的细胞发生癌变，才能说病人得了癌症？
- 在什么时候、什么条件下，由谁提取样本？
- 如果检查出了癌症，应该建议病人接受什么疗法呢？这一疗法应该基于什么规范，由谁来设计？
- 谁来决定最好的疗法是什么？如果由另外一个人决定的话，会有什么不同吗？
- 应该向病人透露多少情况呢？
- 应该表现得多积极或多消极？
- 对自己的诊断有多大的信心？

医生每天都要做很多隐性决策，这里只列出了其中几个——而且，就这还没走完医疗程序的第一步。要到最后一个问题被解决，整个疗程才算结束。

没有两种癌症是一样的。所以，需要考虑癌症诊断意味着什么。一种常用的癌症诊断方法是显微细胞分析法，也叫细胞学确诊法。这种分析使用血液或者骨髓涂片，采用吸取法或者刮取法分离细胞。采用这种分析方法时，医生必须做出一个决定：多少细胞变异了才能确定为癌症？为了寻找恶性肿瘤，一位化验师每天要检查数以百万计的细胞。不管把哪个数字作为癌症的分界点，总有人的指标会低于它。

分界点是什么并不重要。总会有人处于分界点之下，有人处于分界点之上。一群人根据自己对什么是对、什么是错的理解，在不确定的条件下做出决策。可是决策结果对那些恰好处于分界点之上的人来说是灾难性的，就像那些恰好处于分界点之下的人也许会因此变得过于乐观一样。尽管两组人员的情况也许非常接近，但是，第一组可能会面临非常残酷和令人不安的治疗过程。所有案例，都可以说明某人做出一个决策可能会影响他们的整个生活。这类决策不仅影响我们的健康，还会影响我们的情绪、社交生活和职业生涯。例如，智力测验——用来把人按能力分类，也存在上述问题。通常情况下，智力测验的分数在80分以下会被看作智力低下。尽管80分和79分从统计意义上来说没有什么不同，但是，79分的人一旦被别人不假思索地贴上"智力低下"的标签，其人生就会受到持久的负面影响。

医生会尽可能科学地做出这些决策，而且他们的决策往往也确实非常科学，但是，医学研究涉及很多隐性决策。一项医学研究参与人数有限，那些无法参与其中的人则被排除在外，就像那些自行康复的人一样。

研究者说"参与者是从一般人群中随机抽取的"，这句话到底是什么意思？如果参与者不是从一般人群中随机抽取的，会有什么不同吗？哈里是千万富翁，而简还在为养活4个孩子四处奔波；阿尼几天没出门，因为害怕和人打交道；琳达连电话都不接，因为总在忙着。极其富有的、极其贫穷的、极其害羞的、极其忙碌的人都不大可能成为参与者，这就限制了我们对"一般"人群的了解。如果我们的健康状况是符合常规指标的，那么，我们要问一问参照的常规指标是什么样的。常规指标其实是模糊不清的。例如，我们有一个关于睡眠需要多少时间的常规指标，但是在2006年，超过25亿美元的经费被用在安眠药的生产上，这不禁让我提出了两个问题：关于睡眠需要多少时间的常规指标是否并不准确？一个人需要几小时的睡眠是针对谁的？我们不应盲目接受很多人都睡眠不足这一看法。

如果一项研究不是基于稳健的真正随机抽取的人群样本时，那么研究结果就不那么可信。最近有一项研究调查了7万多名妇女（一个非常稳健的样本），结果表明，服用同时含有雌性激素和雄性激素药丸的老年妇女，患乳腺癌的风险增加了一倍多。研究调查的7万多名妇女恰好都是护士，这虽然保证了样本的稳健性，但破坏了样本的随机性。因此，结果也许表明，只是对护士而言患乳腺癌的风险增加了。同一般女性相比，那些选择当护士的女性之间的同质性是否更强？如果是这样的话，那么这种同质性是否是一个重要的风险因素？我们也不知道为什么科学研究几乎只能接近"更好的真相"，而不是找到"真正的真相"。我们总可以质疑一个样本是否真的是随机的，随机到对侏儒群体和教授群体都具有同等的代表性。

为了构建一个与健康有关的概念，我们要经历一系列决策，选择参与者只是一个开始。医疗过程的每个阶段，从诊断到治疗，我们一定会对有些因素考虑不周，从而为失误埋下了隐患。除疾病以外，我们针对所有与健康和幸福有关的概念都要问一下：谁做决定？基于什么标准？如果由另外一个人做决定会有什么不同？结合文化规范和病人的态度还有医学研究的局限性和我们的健康，从个体体验各自生活这个角度来说，突然之间就成了一个"谁说了算"的问题。

我和贝卡·利维做过一项研究，探索文化态度和对老年的刻板印象是否助长了与变老有关的生理衰退。在此研究中，生理衰退是指记忆力衰退。我们比较了总体上对变老持消极刻板印象的人与总体上对变老不持消极刻板印象的人的态度。美国主流文化对变老持有消极看法，所以，我们面向美国主流文化人群（听力正常的美国人）招募参与者，代表总体上对变老有消极刻板印象的人群。至于总体上对变老不持消极刻板印象的人群，我们面向两个亚文化人群招募参与者：一个是中国人（中国人非常敬重老年人）；另一个是失聪的美国人（总体而言，失聪的美国人，不像听力正常的美国人，对变老没有什么消极看法）。而且，我们从三个群体里既招募老年人，也招募年轻人。我们让每组人员回答一份问卷，题目是"想到某个老年人，你头脑里最先冒出的五个词语是什么？"结果和预期的一样：同听力正常的美国人相比，中国人和失聪美国人较少提到记忆力衰退。我们研究的问题是：既然中国人和失聪美国人没有"人老了记忆力就会逐渐衰退"的消极刻板印象，那么同美国主流文化中的老年人相比，中国老年人和失聪美国老年人的记忆力是否会更好？或者换种说法，我们的推论是，"人老了记忆力就会逐渐衰退"这一消极刻板印象会对老年人的记忆力造成负面影响。

因为中国老年人和失聪美国老年人这两个人群几乎没有什么共同点（除了都是老年人以外），我们推断，如果他们在记忆力测验中有类似的反应，那我们的观点会更有说服力。我们的推论是，如果消极印象加剧了老年人的记忆力衰退，那么，中国老年人和失聪美国老年人的记忆力，肯定比听力正常的美国老年人的记忆力要好，因为同听力正常的美国人相比，中国人和失聪美国人对变老的态度更积极。我们比较了各组人群的记忆力测验结果，发现各组年轻人的成绩差不多一样好，而中国老年人和失聪美国老年人的成绩则比听力正常的美国老年人的成绩好些。如果记忆力衰退主要是由生理因素决定的，那么各组老年人的记忆力测验成绩应该是一样的。

这一结果似乎意味着，随着年龄的增长，我们在健康方面的变化不一定是衰退。有关记忆力衰退的研究普遍证实了这一结论。尽管有些研究者认为，这样的衰退是无法避免的，很多研究也证明了这一点，但是，另外一些研究者认为，记忆力衰退也许是由环境因素，比如心理暗示和社会情境造成的。不可否认的是，我们的这一研究也有局限性。例如，我们没有考察世界上所有的亚文化，只是根据我们的理解选择了基本上没有这方面偏见的两个亚文化群体作为研究对象。

不要随意给自己的病症贴标签

不管身患什么疾病，引发症状的环境因素以及症状本身每天都在变化，甚至每小时都在变化。我们面临的重大任务是要判定哪些是"真正的"症状，哪些是社会建构的。我们可以不顾后果把这一重大任务交给别人完成吗？

不妨看一看慢性疼痛这种直接症状。某个部位多长时间疼痛一次才能被看作慢性？每天疼痛一次、一次持续十分钟？一次持续一个小时？每隔一天疼痛一次？痛到什么强度？由谁判定？他们是怎样做出这个判定的？这一判定并非微不足道。一旦疼痛被贴上"慢性"的标签，我们就会形成心理暗示，并且容易忽略不疼痛的时候。然而，正是通过关注这些不疼痛的时刻，我们才能找到控制疼痛的方法。

我们体验到的症状有直接的、有间接的，如果症状很强烈，医生就会试着给它们贴上一个标签。给症状贴标签的好处显而易见。毕竟，这有助于创造一种共同体验。如果我肚子痛，去看医生，被诊断为肠胃炎，这就有几个结果：第一，我的感觉得到了验证，肚子痛是真实的，而不是心身性的；第二，跟别人说起我的病来也容易得多；第三，有了这个病名，我就知道有这一病痛的并非只有我一人，其他人也经历过，因此一定有解决的办法，即使不能立即找到，也能很快找到；第四，医学界也能从中受益，不同的研究小组研究同一个问题要容易得多，并且可以更快地找到治疗方法。

给症状贴标签的坏处则没有那么明显。最大的坏处就是让我们放弃了掌控权。这表现在以下几个方面：症状被贴上标签后，我们会变得过于依赖专家和医疗技术；容易把自己的身体分成各自独立的几个部位来看待，因此可能忽略来自其他部位的健康信号；容易把实际上一直在变化的东西看成稳定的。作为个体或者某种文化的一分子，我们一旦知道了某个事物是什么样的，就不大可能重新来认识这个事物。

标签可以让我们区分什么是适宜的、什么是不适宜的。比如，医学界针对我们的症状给出了两类标签：真实症状和心身性症状。一旦接受了这一区分，我们对专家意见就会更依赖，即使我们觉得这两类症状感觉上是一样的。这种区分虽然可能在某些方面对某些人有用，但是它仍然具有潜在的危害。从某种意义上看，所有的疾病都是心身性的，所有的疼痛都具有心理性。

某种症状被诊断为心身性的，只意味着医学界认为医学帮不了我们，而不是说疼痛不是真实的。但是，如果疼痛一直持续，我们往往就会不断地找医生看，告诉医生我们真的觉得疼。一旦这样做，我们就放弃了掌控权。实际上，如果注意到疼痛有时候减轻甚至消失了，我们也许就会想办法在疼痛的时候控制它或者干脆让它自行消失。

很多现在有了"体面"名称的疾病一度被认为是心身性的，而患有这种疾病的人经常被看作疑病症患者。在我们对关节炎有所了解之前，如果一个人经常抱怨手指痛、脖子痛、膝盖痛，这个人就会被认为得了疑病症。关于疑病症患者，需要指出的第一点就是，将来，他们的症状也许会有一个新名字，这样他们就能摆脱疑病症这个贬义的标签。第二点，可能有些线索潜藏在他们的症状里面，认真对待这些线索的话，也许能从中发现一些系统性的信息。例如，如果我们持续关注人们的抱怨，发现某些症状总是同时出现，那么，我们也许就能发现一种新的疾病，或者用一种新的方式看待一种已经存在的疾病。这样，今天被看作心身性的疾病，也许明天就会被贴上真实疾病的标签。

很少有人会质疑心理会影响我们对疾病的反应以及病情这一事实。唯一的问题是，这一影响有多大？答案是，我们不可能真的知道。假设影响很大，那我们对自己身体的控制力就能成倍地增长。

如果我们把所有的疾病都看成"心身性的"，又会有什么不同？如果事实确实如此，不积极治病就是不合理的，甚至是不负责的行为。我们一直错误地认为身体和心灵是相互独立的。我们当中有很多人都承认对自己的身体了解不多，然而，很少有人认为无法控制自己的心灵。

不管给疾病贴标签是否重要，我们都要问是谁贴的标签。比如勃起功能障碍，谁决定这是不是一种需要加以治疗的疾病，并决定保险公司是否应该为之埋单呢？如果保险公司的决策者都是女性，而不是一群年纪与之相当但精力充沛的男性，我们也许会得到一种截然不同的结果。女性也许更有可能建议保险公司把口服避孕药纳入医保支付范围。无论什么决策，决策者都有自己的动机和价值观，他们的动机和价值观也许与我们的一致，也许不一致。从这个角度思考疾病，我们也许更能主动承担一些护理自己的责任。

只要有决策要做，就意味着存在不确定性；只要存在不确定性，就得决定考虑多少信息，什么信息是相干的，什么信息是不相干的。有些决策是关于把什么看作成本、把什么看作收益，在这种决策中，决策者的价值观就会起作用。即使决策者的动机和价值观对决策没有丝毫影响，但决策参考的科学数据反映的是概率，并不是绝对的。科学数据必然如此，这就意味着存在更多的不确定性。如果我们拒绝这种不确定性，医生在为我们做决定的时候就会隐藏它，按照传统做法对我们实施治疗，如此一来，我们就没有多少选择余地了。

你对待疾病的观念才是健康与否的关键

如果活体检验确定我们患有癌症，我们往往会发生巨大的变化。我们当中有很多人会失去原先的身份，变成一个癌症病人。这会给我们带来一个标签所能带来的各种负面影响。但是，情况不一定非得如此。心理学家沙立·戈卢布最近的研究表明，我们可以选择如何接受以及应用这些标签。她经过研究发现，有些人只是让自己多了一重癌症病人的身份，而另外一些人则让癌症病人这一身份接替了过去的所有身份。与后者相比，前者在大多数康复指标和心理健康指标上的得分要好很多。

沙立的研究揭示了一个有趣的现象：病人对自己生活质量的评价与医生对其身体状况的评价并非总是一致的。她提出，生活质量最大的决定因子是病人如何看待自己人生与所患疾病的关系。觉得疾病毁了自己的人，往往在生活质量量表上得分较低，而把疾病带给自己的限制看作成长机会的人得分则较高。沙立以兰斯·阿姆斯特朗为例，说明了高分者的典型形象是什么样的，后者曾经说过："患上癌症显然是我最棒的一次经历。"

如果跟踪调查那些检验结果位于分界点之下的人和那些检验结果恰好位于分界点及以上的人一段时间，并对两组人员加以比较，我们会发现什么呢？会发现他们会越来越不一样。前面那组身体也许会变好，而后面那组依然是癌症病人。其实，最初他们之间的差异很小，小到没有统计显著性。如果再做一次检验，他们也许会得到不同的诊断结果。其实，所有这些不同皆源于他们对诊断的不同反应。

一种疾病就是一组症状。那些具有这些症状，但是什么也不做而且照样活得很好的人，不在分析的范围之内，因为他们从不去看医生。这样就不可能知道这些症状与随后的健康之间到底有多紧密的关系。另外，把这些症状称作"一种疾病的自我实现效应"也是无法确定的。然而，没有实质差异的检验结果却能对生活造成完全不同的影响。

我们检查一下自己，然后宣布自己要么是健康的，要么患了病。尽管大多数人倾向于仅仅把人分成两类，但是，可能没有人会反对从健康到患病之间是一个连续体的看法。不仅患有同一疾病的不同病人其病情会不同，而且同一病人在不同的时间病情也有所不同。比如，我的胳膊和腿都很强壮，我的肺活量堪比奥运会游泳运动员，但我的耳朵感染了疾病，那么我是健康的还是患病的？我耳聪目明，肺功能很强，但我有多发性硬化症，那么我是健康的还是患病的？如果信念和健康没有关系，那么我们持有什么信念就无所谓了，但是我们的结论是，对于健康而言，信念相当关键。

著名短篇小说作家安德鲁·杜伯斯遭遇过一次严重的车祸，导致双腿瘫痪。在《轮椅上的沉思》（*Meditations from a Movable Chair*）一书中，他生动地阐释了一个选择，这个选择我们也可以做。

"撞你的是一辆银色……"她说了一个汽车品牌，但这个品牌我一点儿也不了解，她说的也不对。我说："是本田。""是它让你瘫痪了？""不是，我不过是腿没用了。我非常幸运，只是背上三块脊椎骨断了，但是脊椎没事，大脑也没事。"

如果我们放弃要么健康、要么患病（非此即彼）的观念，并且树立多重连续体的观念，那么我们的生活会怎样？例如，在某个时刻，我们也许在某个健康指标上得了 60 分，在第二个指标上得了 30 分，在第三个指标上得了 85 分。这会给我们的生活体验带来什么变化？第一，我们仍然觉得充满力量，因为我们会认识到自己身体的大部分依然运作良好；第二，较小的问题（60% 的健康）解决起来，比较大的问题（100% 的疾病）容易；第三，我们可以拿自己和更多的人比较，因此更容易为自己的健康问题找到解决办法。如果你有某种严重程度达 30% 的疾病，并且已经找到了解决办法，而我也有这种疾病，且严重程度为 60%，那么你的办法也许对我也管用。我们生活在一个"全或无"的世界里，如果我们想象自己生活在一个多重连续体的世界里，情形就会好得多。

当然，所有医生，不管他们和我们的关系有多好，也不管有多热心、同情心有多强，都不会为我们通盘打算。如果是自己算账，我们一定会遇到怎样以及何时才能把账算清的问题：我的特定疾病有多严重？我身体其他部位有多健康？当收集与自己有关的信息时，我们就会注意到自己在每个连续体上一直都在发生变化。这应该是一项非常专注的活动，可以引导我们对变化投以更多的关注。总有一天，我们会对这一过程非常熟悉。这个时候，我们就会注意到，随着时间的推移，身体在哪些方面保持稳定，又在哪些方面发生了变化；我们还会注意到，影响身体某一方面的因素还影响了身体的另一方面。例如，为了减轻背痛，我一直在做运动，最后发现，因为做运动，我的平衡感变得更强了，脚痛也减轻了。如果我认识到，因为使用非惯用手完成某些任务，结果我的身材变苗条了，我的背痛减轻了，我的听力也变好了，尽管从表面上看它与使用非惯用手并没有什么关系。最后（只有到最后才可以），我们也许会修炼到不需要连续体的地步，甚至进入这种境地：很自然地注意到身体发出的信号，然后做出相应的校正。

我的朋友伊莱恩讲述了她两位朋友的故事。这两位朋友是闺密，其中一位是医生（下面称为A），另外一位不是（下面称为B）。一天，B开车时感到胸痛，于是立即打电话给A。A非常了解B，加上在医学院所学的知识，判断B可能是心脏病发作。为了安全起见，A告诉B可能是消化不良。B很害怕，于是开车去了医院。结果真的是心脏病发作。

第五章

重新定义医疗规则

我认识的唯一一个聪明人是我的裁缝。每次见到我，他都给我重量尺寸。而其他人则一直用老眼光看待我，并且期待他们的老眼光依然准确。

——萧伯纳

你不妨想象一位独居的老太太，她一般每隔几天就出去购物一次。每次购物回到公寓，她都会先放下袋子，找钥匙开门，再弯腰拎袋子进门。有一次，她像往常一样放下袋子，不过，当她准备提袋子进门的时候，腰却弯不到往常的位置，够不着袋子了。还好，恰好有邻居经过，帮了她一把。但是，接下来她还是遇到了同样的问题。如果她不能把买来的东西带回家，她就不能照顾自己。子女担心她的状况会越来越糟，就把她送进了养老院。

现在，想象一下另外一位独居的老太太。购物回来，她把袋子放在门口的架子上，找钥匙开门，再拎袋子进门。在人们看来，第一位老太太身体太弱，不能照顾自己，而第二位老太太则不是这样。而实际上，两位老太太唯一的区别就是用作架子的一小块木板。

外部世界是社会建构的，而我们很少意识到这一点。设计者在设计的时候，大多数是从其自身的需求或者其眼中"一般人"的需求出发的。剧场的座椅要多宽，厨房的桌子要多高，糖块要多大……所有这些，都不一定能最好地满足个体需求。问题在于，我们经常对外部世界视而不见。外部世界隐于背景之中，既无变化也无人挑战，却蒙蔽了我们的双眼，让我们看不到在建构外部世界时，建构者做过很多选择。如果社会建构的环境不再适合我们，那我们就会以为是自己出了差错，而很少把问题归咎于环境，也很少通过改变建构来满足自己的需求。比如，我伸手去够放在橱柜顶层的盘子，后因失手摔碎了它，我往往会把这归咎于自己的笨拙。更好的做法不是责备自己，而是把原因归咎于做事不专心。甚至更好的做法是意识到这个橱柜是为比我高的人设计的。也许，认识到这一点后，我甚至会决定重新设计橱柜，以更好地满足自己的需求。

医学界的现状影响了我们对自己以及自身健康的看法，而且，它也是社会建构的产物。医生和护士都穿着制服，医院的房间都是一个样，绷带是白色的，点滴架令人生厌，诊室简陋（只有几个标准的摆设），病房的门总是开着的。医学界如此建构而成的这一切几乎就是一把双刃剑，尽管我们很少认识到如此建构带来的负面影响，也很少质疑如此建构的原因。

让我们逐条加以分析。医务制服有以下几个重要功用：表明团队隶属关系；制服是白色的，染上灰尘或其他污染物后很容易看出来；通过不同的制服可以区分医生、护士长、护士和其他人员。在这些功用当中，每一种都有一定的负面影响，具体影响取决于具体情境。如果去医生诊室看病，我们需要看见她穿着白大褂才能知道她是医生吗？制服制造了距离，无形中让我们感到拘谨。制服告诉我们，坐在这里的是一位专家，这样我们就不大可能质疑她，即使质疑对我们可能更有利。医生如果要完成一些可能会弄脏其衣服的操作，大可以穿上实验服。在养老院里，老人不大可能和工作人员相混淆，所以工作人员不需要穿制服；如果工作人员穿上制服，那就是强调这里是养老院，而不是家。不管制服有什么优点，其缺点还是需要考虑一下的。

制服对穿着它的人有什么影响呢？我们可以在每天穿衣时，问问自己为什么选择这样穿而不是那样穿，这样就能审视一下自己的心理感受（以及身体感受）。这一信息可能会非常有用。穿戴会让我们变得更加个性化，而这能让我们对自己的行为承担更多责任。制服代表身份，而身份容易掩盖我们本人。我清楚地记得，当我第一次考虑制服的影响的时候，我的体验是怎样发生剧烈变化的。几年以前，我给养老院做顾问。那时，我没有合适的制服，但是我手里总是拿着一支笔和一个本子（我很少在上面写什么)。它们就是我的制服,而且我发现,它们掩盖了我本人。我的"制服"表明我是一个有身份的人,它决定了工作人员怎样看我、怎样与我交往,也决定了我怎样与工作人员交往。我不需要完全投入,毕竟,这里由我做主。在第三次拜访其中的一家养老院时,我决定不带笔和本子。没有了制服,我必须丢掉以前的特殊身份。现在,出现在养老院里的是我本人。我发现,这种体验超级棒,我开始盼着去养老院了,而以前我很怕去养老院。

不久以后,我建议工作人员也脱去制服。一开始,他们强烈反对,但是最后都照做了。我当时只是给养老院做顾问,而不是做研究,所以没有收集数据。不过,养老院的变化是显而易见的。以前,是一种身份的人和另外一种身份的人在交往,现在则是一个人和另外一个人在交往。尽管老人、护士、医生和顾问之间还是存在差异,尤其是年龄方面的差异,但是,在处理日常问题时,这些差异以及与角色相关的身份产生的影响变小了。老人对护士不像以前那样苛刻了,护士也更尊敬老人了。

医疗机构把医疗环境建构成现在的样子,本意是想帮助前来求医的人,结果却对他们产生了负面影响。为什么会这样呢?社会心理学对一个主题的研究越来越多:过去的经验怎样在潜意识中影响现在的行为。通常,过去的经验是很容易影响现在的行为的。这也许能够告诉我们答案。

心理学家安东尼·格林沃尔德和马扎林·贝纳吉把特定线索激活特定联想进而影响我们行为的现象称作"启动效应"(priming

effect），把发挥启动作用的线索称作"启动线索"（priming cue）。我们所处的物理环境会启动我们的感受和行为，尽管我们通常意识不到它的影响。启动线索经常告诉我们怎样做，而我们则会不假思索地照做。医疗世界的很多方面就是这样的：它呈现的一些细微线索，让我们做出了在没有这些线索的情况下不会做出的行为，从而对我们造成了负面影响。从某种意义上说，启动线索控制了我们的行为。为了深入了解启动效应及其产生的负面影响，心理学家约翰·巴奇、马克·陈和拉腊·伯罗斯做过一项精彩的研究。参与者被随机地分成两组，一组是实验组，一组是对照组。两组的任务都是解字谜（把字母顺序被打乱的"词语"还原成原来的词语），不同的是，实验组的词语都指向老化、刻板（比如把"fel org uft"还原后是"forgetful"，意思是健忘的），而对照组的词语则是中性的。研究者并没有向他们说明这些词语具有什么特点。解完字谜后，研究者对参与者说实验结束，他们可以离开了。实际上，实验并没结束，研究者还测量了参与者从实验室走到电梯（离开实验室所在的大楼要乘电梯）所用的时间。结果发现，实验组因为字谜中含有"老年"等"启动"词语，比对照组走得慢。

在较近的一项研究中，我和我的学生马娅·吉基奇、萨拉·斯特普尔顿想看看我们能否逆转不假思索的"启动"效应。在开始正式研究之前，我们让参与者给100张照片分类，在这100张照片中，有的是老年人的单身照，有的是年轻人的单身照。我们发现，如果让年轻人做这件事，他们会按照年龄进行分类。在正式实验中，我们随机把这100张照片分成5组，每组20张。对于对照组，我们指导他们把每组照片分成两类——年老的和年轻的，这样对他们进行"老年"启动。与之前那项研究中的实验组一样，这些参与者走得也很慢。第一个实验组，我们指导他们按照我们给出的标准对每组照片进行分类，每组照片一种分类标准，和年纪都没有关系（比如按照性别分类）。第二个实验组，我们指导他们按照自己的标准对每组照片进行分类，只要分类标准和年纪没有关系就行。我们想看看，重新分类这一有觉知的活动能否让他们对"老年"这一"启动"免疫。我们期待参与者从多种角度来看照片中的人，而不是仅仅看年龄。实验组，也就是进行分类时保持觉知的参与者，走得并不慢。这说明，觉知让他们克服了"老年"启动效应。

努力自行解决问题的人更健康

医院里的白大褂可能也会以同样的方式起作用，它们启动了"医生"这一概念，让我们想起关于医生的刻板印象。如果我们把医生看作权威人物，而不是先看作普通人，那么，我们就会表现得他们好像只是权威人物（即使有些医生可能非常平易近人）。医生和护士的制服还可能启动"病人"这一概念。当我们把自己看作病人的时候，我们往往就会表现得像病人一样。

大多数医生的诊室都相当刻板和单调，让病人觉得看病是一件非常严肃之事，即使事实并非如此。病房的所有布置几乎都暗示着病情严重，这不仅给病人直接造成了压力，而且还通过病人的亲朋好友间接地影响了他们。想象一下，你到医院来看我，碰到我在打点滴，你是不是坐立不安，不知该如何与我交流？现在，如果悬挂点滴瓶的架子上面有好玩的条纹图案，就像孩子想象中的北极，你是不是心情会更放松，我们之间的交流也更轻松？（当然，如果点滴架一直是条纹状的，我们也许会把条纹图案和令人讨厌的打针联系在一起。这里的重点是，我们经常意识不到环境对我们行为的影响。）

如果，某年初冬滑雪时你伤了膝盖，做了手术正在恢复中，只能靠拐杖走路。你拄着拐杖在屋里走来走去的时候，也许会想：设计拐杖的这个家伙怎么没有想到在冬季出门走走是个很好的主意。如果拐杖被做成这样——按下按钮，拐杖触地的那头就会出现一个金属爪子，那么你就可以到屋外走走了。

在养老院里，老年人的生活被安排得尽可能轻松容易。表面上看，这似乎是一件好事。然而，事事容易，也意味着事事没有掌控感。如果真的想让生活变得容易，应该做一些与大多数人目前所做的完全不同的选择，而不是只在初学者滑道上滑雪，只满足于用乐器演奏音阶，很少或根本不去尝试新东西。显然，我们大多数人都想挑战自己的智力、体力或二者兼有。掌握一样新东西让人感觉良好，也让人更具觉知，这对我们以及我们的健康都有好处。与结果相比，掌握的过程能够给人带来更大的好处，因为在这一过程中我们是专注的。老人往往被剥夺了这些好处。我们不仅把他们的生活安排得太过容易，而且在他们遇到一些无法避免的困难时，我们还会过度帮助他们。助人行为让助人者感觉良好，但是随着时间的推移，它也会让接受帮助的人觉得自己很无能。哈佛医学院的杰里·埃冯医生和我做过一项研究：直接帮助老年参与者完成任务，或者完全由他们自行解决。结果很明显：那些接受帮助的参与者任务完成得最差。我并不是建议停止帮助老人，而是建议在每次打算帮助老人之前再三考虑：如果多给他们一点儿时间，老人能否自行解决问题。让他们自行解决问题，他们就会"让"自己变得更健康。

被我们过度帮助的还有残疾人。"残疾人"这个标签意味着我们把自己的能力看成固定不变的。谁都有可以走很远一段路的时候，也有举步维艰的时候，但是我们当中是否有人问过自己：如果哪天被贴上"残疾人"的标签，并且要一直使用残疾人专用车位，会有什么样的感受？面对残疾，我们的应对之道不是视而不见，也不是遮遮掩掩。我们能够也应该建构这样的世界，它提醒我们：我们的能力每天都在变化，我们的疾病并不是固定不变的（有些停车场有小型巴士来回巡逻，任何人都可以搭车，这样就不必给那些需要帮助的人留出专门的车位）。这些改变并不需要付出多少辛劳，只要求有新思维。比如，我一直抱怨，养老院里老年人的房间和医院病房的门都要求开着，这不仅剥夺了他们的隐私权，也意味着他们是弱者，需要一直被看护。也许，重症监护病房的房门开着是有用的，但是，对于其他病房来说，因开门付出的人力成本是高昂的，也是不必要的。那些提醒我们自己需要全面照顾的任何细微暗示，都会助长我们的依赖性、被动性和思维惰性。被鼓励着这样依赖他人，我们就不会意识到今天自己也许能够照顾自己。如果我们开始照顾自己，也许就会注意到自身健康的细微变化，至少会去做一些力所能及的事情。如此一来，就能改善我们的心理状态和身体状态。

医疗设施也在提醒我们：你生病了。浴室里的安全扶手非得如此显眼吗？它本来可以设计成更符合浴室整体风格的样子。拐杖不能设计得更美观一些吗？我读研究生的时候曾看见一个人打着一个彩色的石膏。这个石膏格外引人注目，似乎在邀请别人盯着它看，告诉别人石膏的主人曾经发生过不幸。这让我想到，我们之所以回避残疾人，部分是因为我们的矛盾心态。一方面，我们对残疾人很好奇；另一方面，我们知道不应该这样盯着别人看。

我和同事谢莉·泰勒、苏珊·菲斯克、本齐翁·查诺维兹决定进一步研究这种心理冲突，并且专门给它取了一个名字——新奇刺激假设（the novel-stimulus hypothesis）。我们想弄清，如果人们有机会满足自己的好奇心，把某个残疾人看个够（当然是在对方意识不到的情况下），当他们下次遇到这个残疾人的时候，是否就不会避开他了。

在实验中，我们把学生分为实验组和对照组。实验组可以通过一面单向玻璃观察一位腿上装有一个大支架的残疾人，然后安排学生和他待在同一个房间，并测量学生和他之间的距离。对照组则只是突然被安排和他待在同一个房间。不出所料，与对照组相比，实验组与他坐得更近。

美国联邦航空管理局有一个安全检查表，飞行员必须根据该表逐项做检查，以保障工作安全。现在，很多飞行员都非常熟悉安全检查表上的内容，做起安全检查来漫不经心，结果导致了很多事故。同样，社会建构的医疗世界也有一个非常具有破坏性的东西，那就是医疗记录表。这些记录表基本上一成不变。结果，就像飞行员一样，医务工作人员也漫不经心地对待它们。这些记录表记录的只是一些基本信息，比如病史、心理状况史、用药史、过敏反应史等，它们只涵盖了典型病人的基本信息，却遗漏了那些可能非常重要的特殊信息。假如我们重新设计记录表，纳入一些只有密切关注病人才能完成记录的项目（比如，要求医生记录病人的脸色、机警度、心情等），要求医生和护士每次收集或统计的信息，必须有所不同。如此一来，医生就必须积极地与病人互动，病人也会因此觉得受到了医生的特别关注，从而积极地与医生建立密切关系。最终，医患互动就会从漫不经心变成觉知，而医生、病人的健康和幸福状况都会得到改善。

一些现有技术可以让环境（一般环境和医疗环境）变得对老年人更便利。比如，老年人经常觉得手机、掌上电脑之类产品的屏幕上的字体难以看清，因为它们是年轻人设计的，也是为年轻人设计的。既然我们的文化告诉我们，人老了视力会变差，那么就有一个现成的商机摆在那儿：重新设计这些东西，让它们更方便那些视力不好又没有兴趣研究怎么把字体调大的人群。同样，药物试验通常以年轻人为试验对象，结果，老年人经常用药过量。如果情况恰好相反，药物试验以老年人为对象，那么年轻人的病就可能治不好了——对年轻人而言，药物达不到疗效。有些人年纪轻轻却像老年人，也有一些人年纪很大却健如年轻人。这样，有些人就会用药过量，而有些人则会用药不足。

如果医生在开处方的时候，至少给出他认为有效的两种方案让我们选择，情况会怎样呢？这不仅会让我们参与到治疗过程中，增强我们的觉知，而且会提醒医生最终选择必定包含不确定性。这种方法还会让我们在选定某种疗法后密切关注，随着时间的推移，我们的症状会发生什么变化。

改变一下房子和办公室各方面的环境，让它们更符合自己的需求，我们也许会惊讶地发现，自己的健康状况也跟着改善了。更进一步，我们也许能够找到方法，让自己的一些能力不因年龄增长而退化。如果可以创造一个虚拟世界，在年轻、健康的时候体验一下衰老和疾病，以便将来更好地应对和克服我们最终可能要面对的症状，情况会怎样呢？让我们回到那个假设：年纪大了，我们的视野就会变窄，就会变得对寒冷更敏感。2月里某天的零下1度和10月里某天同样的温度相比，给人的感觉是不一样的，不管我们穿了什么毛衣。尽管我们能适应季节变化，但是，我们不大能适应与衰老有关的变化。如果在较年轻的时候，比方说在四五十岁的时候，能体验一下视野变窄、对寒冷更敏感是什么感受，那我们就能在感觉自己还很强壮的时候学会应对这些变化以及其他一些与衰老有关的变化。在较年轻的时候，视野变窄、对寒冷更敏感是很新奇的体验，所以我们更有可能因此关注自己的变化（一种觉知反应）。一旦开始关注变化，我们对症状的控制能力就会加强，也会变得更加健康，而这自然会促使我们进一步关注自己的体验。提前学会如何"应对"与衰老有关的变化，衰老之时我们就会适应得更好。另一方面，如果我们假设年纪大了就一定会出现各种无能为力的问题，我们就不会花费时间和精力去寻找减少或解决问题的方法。

有时，解决办法唾手可得，就像前面提到的架子，不必创造一个虚拟世界。我的祖母经常把家里的温度调高，而我的母亲则会把温度调低。祖母认为母亲觉得热是不正常的，母亲认为祖母觉得冷不正常。但是，因为她们都认为年纪较大的人是有"问题"的，所以祖母经常会输掉温度调节之战。如果她们都换一种思考方式，也许不用争吵就可以轻易地解决分歧：觉得冷的人可以加一件毛衣，觉得热的人可以脱掉毛衣。

我们之所以要关注自己与环境之间的契合度，还有一个原因就是，在年轻的时候，我们就在不假思索地加工环境。例如，通常在装修房子时，我们会买一张桌子、一张沙发、几把椅子、一张床。不久之后，我们就不再注意这些东西了（如果我们曾经真的注意过它们的话）。我们总是太忙，没有多少时间注意身边的物品。到年老的时候，我们或多或少会被困在屋里，这时就更不可能从新的角度看这些东西。也就是说，一开始我们因为太忙而忽视周围环境；后来，当没有什么事情需要用心的时候，我们就更不可能去注意自以为了解的东西了。这并不意味着我们必须用心关注一切，即使我们能够做到。事实上，我们有另外一个更简单的选择：一开始就避免不假思索地接受一样新东西，这样，将来就更有可能用一种全新的方式去关注它。例如，很少有老年人会想到把自己的房间重新布置一下，以更好地满足自己当下的需求。家具一直那样摆着，而他们从来没有考虑过把不再使用的桌子丢掉。

出现差错时，我们大多数人都认为问题在自己，而实际上，也许是因为我们的生活方式或者职业与我们的身体不契合。比方说，如果一份工作要求在很多事情之间转换注意力，那注意缺陷多动障碍就不是问题。另一方面，对于活泼好动的人，收费站里那种一坐一整天的工作就会很难。在得出我们不适应这个世界的结论以前，最好思考一下我们能更好地适应哪些方面。

加强交流，尤其是面对面的人际互动

我曾在冰上滑了一跤，扭伤了脚踝，在医院里躺了两个星期才恢复过来。在医院里，我不仅是一名患者，也是一名参与者，还是一名观察者。脚踝不痛的时候，我又变成了心理学家。那两周给了我很多启迪。

当时是早晨6点30分。我住院已经好几天了，不过，那天开始，药物没有再影响我的记忆力。一位护士来到病房，说要给我测量生命体征。我对她说："你好。"她立即转变了态度，大声说我犹如一股新鲜空气让她一天心情都很好。起初我很惊讶，在我看来再小不过的举动，竟能产生如此效果。于是，我和她攀谈起来。她告诉我，人不喜欢被吵醒，当她吵醒病人时，病人一般会非常不高兴，这很正常。这时，病人会把护士视为敌人。护士对此也有预期，经常会提前在心里把角色演练一遍。在此情形中，没有其他人在场，只有病人和护士扮演各自的角色。如果有其他人在场，整个过程对病人和护士来说会变得更流畅。

还有一次，我按了求助铃，一名护士进来问我需要什么帮助。我一边说着，一边意识到她正在考虑我的需要和她手头之事哪个更紧迫。大多数情况下护士似乎都是这样做的。如果护士很忙，她会觉得我的要求很烦，心怀不满。然而，病人不可能知道护士有多忙。我们只是按铃，等护士来。如果从按铃到来人时间有点长，病人就觉得自己被忽视了，而护士则觉得自己受人摆布。如果病人和护士都能站在对方的角度思考问题，情形将大不相同。

病人按铃，护士进来。病人："你好，现在忙吗？"护士："忙。二楼有个急诊，已经去了好几个护士。您需要什么帮助？"

病人："有空的时候，能找人帮我扶到椅子上吗？"护士："当然可以。不过可能要等几分钟。"

等待时间并不比其他时候短。不过，这回病人表现出的是理解，而不是越来越恼火。以倒便盆这个更难的事情为例，没人想做这件事，也没人应该做这件事，但是，这件事必须有人去做。如果护士因为职责要求而不得不倒便盆，往往会很不情愿，而病人则会觉得内疚或者无助。一次，在这种情形下，我对护士说："对不起，我真希望自己有别的选择。"她觉得过意不去："别这么说，这是我的工作。"从此，她不再对我的这一要求皱眉头，而我对她也只有感激，不再内疚。

一天早晨，职业治疗师来到病房，自我介绍说："我是职业治疗师，我叫简。"我回答："你好，我叫埃伦。你刚才说你叫什么名字？""我叫简。"把她的名字和她的职业分开之后，在我看来她更像一个人了。我们接下来的交流是人和人之间的交流。这很重要，因为医务工作者根据训练，给出的大部分建议都是普遍适用的，所以，为了让他们的建议适用于不同的病人，我们要大胆提问，拒绝那些我们其实不需要的帮助，要求更多我们需要的帮助。在等待脚踝康复的那段时间，我想锻炼一下上半身。这不在康复训练项目之内，我很难让职业治疗师或者物理治疗师帮助我，但是让简帮助我就容易多了。

我和心理学家亚当·格兰特决定检验一下这个想法。我们让实验参与者置身于某一场景，问他们在此场景下会怎么做。一半参与者的场景是住院，其间需要使用便盆小便。还要假设参与者在小便时很困难，而责任护士有事分不开身，旁边恰好有另外一个护士，参与者会让她帮忙吗？另外一半参与者的场景也是住院，其间也需要使用便盆小便。假设参与者小便有困难，责任护士贝蒂·约翰逊有事分不开身，而旁边恰好有另外一个护士，参与者会让她帮忙吗？两个场景的唯一区别是，参与者是否称呼责任护士的名字。称呼护士的名字，给人一种心理暗示，即护士除去职业身份，还是个人，同不知道名字的护士相比，她们更容易接近。我们发现，如果可以称呼护士的名字，很多参与者表示愿意寻求帮助。

  我们要尽可能地"绕过角色"，这样做还有一个更重要的原因：潜念会让我们犯错。人与人之间的互动如果不是一对一的，就容易陷入潜念。角色对角色的互动会受到角色本身的制约，是规范性的，往往是不断重复一种典型的行为模式。非常情况下需要我们打破常规，但是，只有关注到这些情况有什么特殊之处，我们才能识别它是非常情况。对于医务工作者来说，这很难做到，因为他们要面对很多病人，很难对病人一一区分，尽管这样对病人有好处。但是，对于病人来说，这应该不难做到，因为，一般情况下，我们不可能总是病人的角色，并且没有几个医务人员需要我们去留意。显然，以人与人之间互动的方式与医务工作人员交流对我们最有利。同病人这个角色相比，做自己会让我们更具有觉知。

一次，一位护士要给我抽血测血糖。我没有糖尿病，于是我很有礼貌地问她为什么要做这个检查。如果不是勇于"做自己"而是"做病人"，我就不会这样问。这时，那位护士意识到自己认错了病人，就走开了。我想她应该是去找那位该测血糖的病人了吧。

第六章

当心！
医生的话具有操控力

同样的言辞，不同的说法有不同的含义；同样的含义，不同的表达可以产生不同的效果。

——布莱士·帕斯卡

众所周知，良好的沟通可以营造健康的关系。两个人说同一种语言的时候，都认为看到的是相同的世界，拥有的是共同的体验。我们用语言来交流关于世界的基本事实以及对世界的体验。在大部分情况下，语言对我们有好处。然而，语言也让我们觉得自己所知甚少；语言存在固有的缺陷，常会导致一种朴素的现实含义[1]和一种知道错觉[2]。

使用同一种语言时，我们很容易以为彼此的体验是相同的，实际上，彼此的体验可能大相径庭。因为，我们的体验是变化

---

[1] 朴素的现实主义即大多数普通人对世界所持的一种常识性观点。——译者注
[2] 知道错觉即以为自己知道，其实自己根本不知道或不完全知道。——译者注

的，而用语言表达出来的体验是静止的。比如，我们这样描述昨晚红袜队的比赛："那场比赛势均力敌，但是在第9局结束之际，击球手打出了一记全垒打。"这句话虽然传达了相关信息，但是没有传达我们的感受。

  语言并非专指明明白白说出口的话、写出来的字，提示也常常与语言结合在一起。有时，仅仅通过对方的非言语行为，我们也能明白其意思。以一个简单的声音"啧"为例。仅仅发出这个声音，你就能引起别人的注意，开始与之攀谈，表达你的愤怒。"啧、啧、啧"，光是这语调就能让别人知道你的感受。"啧"也可以用来表达欣赏或者同情。语言，包括言语静态和非言语表达，是一种高度社会化的活动，会让我们忽略自己体验的独到之处，转而关注那些共同点。你问我感觉怎样，我告诉你我胃痛，并假定你的胃痛体验会让你明白我很不舒服。但是，我和你的体验可能有很多不同之处，现在这些不同之处却都被抹杀了，因为语言会制造出一种知道错觉。语言是速记内容，而个人体验是全文。

  不久前我去看牙医。牙医告诉我，在看牙过程中的某一时刻，我会有压迫感。在整个过程中，我没有体验到任何压迫感，也没有体验到任何痛苦。我不知道怎样描述自己的感受，所以什么也没说。实际上，我忽略了自己的体验，因为我不知道用什么语言来表达它才符合当时的情况。在当时那种情况下，我不说什么，可能没什么大不了。但是，在其他情况下，任何我没有表达的信息可能都是十分重要的。所以，比较了解自己的独特体验也许是一种优势。起码，我可以说我不知道如何描述自己的体验。我希望，如果我这么说，对方会问我一些问题，帮我描述自己的体验。

语言经常让我们囿于某种单一的视角里。经验不同、所受训练不同，因此，医生和病人在交流过程中经常操着不同的语言。我说"有点儿痛"的意思和医生理解的意思可能大不相同。我可能是在忍着剧痛，而医生听到的是我没什么大问题。我也可能真的不觉得怎么痛，而她听到的则是我的病情需要用药加以干预。当一则信息由权威人士发布，或者是用绝对的、强硬的语言表述的时候，我们往往不会去质疑它。我们只是全盘接受，意识不到权威人士有时也会犯错或者夸大其词，也意识不到语言具有很强的操控力。当医生同我们说话的时候，我们时常把他们的见解视为真理，把他们的建议奉为圭臬。

其实，有一种方法可以让我们认识到不确定性，进而看到可能性。如果医生在每次发表言论之前都加上一句"在我看来"，仅仅这样做就能提醒我们，他们的看法不是唯一的，还存在一些与之相左的见解（当然，有些医生有时已经这样做了）。有人也许要说："等一下！我们希望医生向我们表达的看法、提供的建议，是确信的、有把握的。"是的，我们确实希望这样。但是，医生不可能也不应该像我们希望的那样有把握，而且，我们在医生把握不大的时候以为他们很有把握，对我们并没有好处。在交流过程中使用客观而绝对的语言，会制造出一种朴素的现实主义，以为存在一个共有的外部世界。因为这种朴素的现实主义，我们意识不到自己有选择的机会并可从中受益。

实际上，根据我和学生们做过的几个实验，当我们用揣测语气（可能、也许、有种看法认为）代替直陈语气（是）去传达信息的时候，人们就会质疑它，并从新的角度思考它。在一项实验中，我们找了一本有关城市发展的教科书，节选出部分内容将其改成揣测语气；在另外一项实验中，我们找了一段教人如何做心脏复苏术的文字，并将其改成揣测语气；在第三项实验中，我们给参与者看一些贴有标签的物品，标签上的文字要么是揣测语气，要么是直陈语气（"这可能是狗狗的玩具骨头"或者"这是狗狗的玩具骨头"），然后让参与者思考怎样创造性地理解这些信息。结果表明，那些看到揣测语气的参与者，更可能在将来创造性地运用这些信息。如果知道胆固醇高是危险的，我们可能会因此感到紧张；如果知道胆固醇高可能是危险的，我们也许就不会那么紧张；与以前什么都不知道的时候相比，我们现在可能更关注自己的健康。使用揣测语气，会让说者和听者变得更具觉知。当然，作为倾听的一方，我们能够而且也应该把说者所说的一切都当成不确定的，虽然对方的语气十分肯定。另外，语言和体验不是一回事，语言传达的是我们体验的共通之处，而不是独特之处。认识到这一点后，我们就更可能认识到，我们的健康体验——尽管描述起来和别人的健康体验没什么不同——也许非常独特。只有我们知道了我们的体验，我们才不会放弃对自己的掌控。不管一位医生在措辞时多么仔细，他的专家角色加上病人对确定性的期待，都会让他的话变得极具影响力。

心理学家让-弗朗索瓦·博纳丰和盖尔·维尔茹贝最近的研究揭示了我们是怎样误解医生的，即使在他们使用"可能"之类的词语来描述病情时也不例外。如果你的上司告诉你："明年夏天，你可能要去欧洲出趟差。"你认为即使机会渺茫，你还是有可能去的。但是，如果你的上司告诉你："你涨工资的要求可能会被拒绝。"那么，你更有可能认为这件事是确定的，即公司不会给你涨工资，上司使用"可能"这个词只是想把坏消息说得委婉一些。博纳丰和维尔茹贝发现，如果涉及的是轻微的副作用或者小病（"你可能会感到肌肉酸痛"），病人通常会按第一种方式去理解：既然医生都不确定，那肌肉酸痛发生的概率和不发生的概率应该差不多；如果涉及的是严重的副作用或者大病（"你可能会失聪"），病人通常会按第二种方式去理解：医生确定我会失聪，他只是不想说得太直接。如果病人按照这种方式去理解，不管医生认为疾病发生的概率有多大，病人都认为自己会得病，从而做出非理性的决策。关键是，揣测语气有时会被理解成确定的，有时又不会。重要的是，我们要明白，医生使用揣测语气时，我们会把它理解成确定无疑的。

有些人相信我们对疾病具有控制能力，但是又不知不觉地接受那些含义与之相左的隐喻。我们鼓励自己不要向疾病屈服，要与疾病"斗争"。这个用词很有意思，很形象，但是它会招致难以觉察的负面影响。如果一个小孩骚扰我们，我们不会与他"斗争"；我们只会和强大的对手"斗争"。与疾病"斗争"，或者与疾病"抗争"，只会让我们觉得病情很厉害，可以摧毁我们的健康。如果我们使用其他隐喻，情况可能会更好。比如，"掌控病情"，这样说的心理暗示是，尽我们所能，了解与疾病有关的一切，以期将来能够控制它。用什么语言是很关键的。

生于希望，死于绝望

做一下这道算术题：1 000+40+1 000+30+1 000+20+1 000+10。这道题是加州大学洛杉矶分校安德森管理学院的什洛莫·贝纳茨给我们出的。很多人给出的答案是5 000。"1 000"这个数字不断被重复，以致我们用"1 000"乘以5来计算这道题。然而，正确答案不是5 000，而是4 100。我们经常这样不知不觉地犯错。

大多数人认为我们能够掌控思维，可以把它引到某个方向。如果我们是在觉知的状态下接收信息，那么情况确实如此。然而，大部分信息，我们都是不加质疑、不假思索地全盘接受的，或者因为它们来自权威，或者因为它们一开始和我们不相干。即使知道重新考虑一下这些信息对我们有好处，我们也很少这样做。这让我们非常容易受到启动效应的影响，就像前面章节讨论过的那样。启动效应的机制是，在我们觉察不到的情况下，激活那些我们不假思索就接受的观念。例如，如果我们无意中接受了女性不怎么擅长数学的观念，那么，在"女性"这一观念被启动后，其数学能力就会减弱。心理学家玛格丽特·施、托德·匹廷斯基以及娜莉妮·安贝迪在研究中发现了这一现象。他们将亚裔女性作为实验对象，将其分成两组。其中一组，"亚裔"身份被启动，另外一组则是"女性"身份被启动。关于亚裔的观念是擅长数学，关于女性的观念是不擅长数学。研究者通过询问参与者是否住在集体宿舍来启动其性别意识，通过询问她们是否说英语以外的语言来启动其种族意识。结果，女性身份被启动的那组，数学测验得分远远低于亚裔身份被启动的那组。

在我们的生活和文化中，处处可见启动线索：一句随口而出的评价、一次拼字游戏、一个广告牌或者一档电视节目。不管看起来多么无关紧要，一个词语都足以让我们做出自己在比较清醒的状态下不可能做出的行为。

我们所知的与身心健康有关的信息，很多都是不假思索就接受的，因此，大量信息不需要特别刺激就能被启动。心理学家贝卡·利维发现：启动年长者积极的变老观念后，他们的记忆力以及在记忆方面的独立自主性会增强；启动年长者消极的变老观念后，其记忆力以及在记忆方面的独立自主性会减弱。对年长者反应影响最大的因素，是他们对自我形象的刻板印象的重视程度。那些对消极变老观念比较敏感的人，心里会萌生恐惧情绪，其记忆力以及在记忆方面的独立自主性也因此受到损害。利维让参与者坐在事先设置好的电脑前，电脑快速呈现一些与积极形象或者消极形象有关的行为描述（前者如"全面看问题"，后者如"记不住生日"），在参与者看清之前就消失了。之后，参与者完成一项记忆力测验，回答一个对变老的态度的问卷。这个问卷给他们呈现了一些至少能从两种不同的角度加以解释的情景，比如，一种情景是一位73岁的老太太搬去和女儿一起住。消极解释这一情景的参与者，认为老太太需要女儿的帮助才能生活；积极解释这一情景的，则认为老太太和女儿可以互相做个伴儿。用积极描述启动的参与者，其记忆力测验成绩好于对照组；与此类似，用消极描述启动的参与者，其记忆力测验成绩差于对照组。

贝卡·利维还和杰弗里·豪斯多弗、丽贝卡·亨克及珍妮·魏开展了另外一项研究，结果发现，启动参与者的健康观念，可以激活他们的健康行为，就像上一研究中与睿智有关的描述可以促使记忆力变强一样。参与者先完成一项语言水平测试，用来激活与健康的生活方式有关的观念或者与不健康的生活方式有关的观念。那些健康生活方式被启动的参与者，后来更倾向于爬楼梯而不是坐电梯。仅仅启动健康观念就能导致健康行为，诸如此类的研究似乎暗示着，不假思索也可以是个好东西，因为它使得积极概念的启动能够轻易地影响我们的行为。问题在于，由于我们意识不到这样的影响，也会付出代价：影响是不假思索地产生的，我们也就无法控制它的效果。

这一点可以从最近健康快餐产品的爆炸式增长中看出来。麦当劳提供几种沙拉、酸奶以及麦片作为甜品供顾客选择。然而，麦当劳之类的快餐店启动了我们对汉堡包和炸薯条的食欲。尽管菜单上有健康食物，但是，麦当劳的名字、汉堡包的香味以及所有与快餐有关的东西，都会刺激我们去吃汉堡包和炸薯条，而不是比较健康的食物。有人做过一项人们对食物态度的调查研究，结果发现：环境确实能够让人无意中想到某些食物；当关注焦点是食物的味道时，人们更喜欢汉堡包和炸薯条；当关注焦点是健康的时候，人们更喜欢比较健康的食物，而且对低脂食物的喜欢程度远远超过高脂食物。研究还发现，人们越想吃，就越感到饿，就越不管食物健不健康，只关注食物是否美味。麦当劳一直做着汉堡和炸薯条的生意，所以人们自然把它和不健康的快餐食品联系在一起。增加沙拉和其他比较健康的食品，也许能减少我们对快餐店的批评，但不大能改善我们的饮食习惯。就像这些研究者指出的那样，我们对食物的选择，经常取决于吃饭前我们是走在一条两边都是餐馆、飘满美食香味的街上，还是经过一家健身馆或者一个沙滩装广告牌。

巴巴·希夫、齐夫·卡蒙和丹·艾瑞里开展过一项精彩而有趣的研究。他们以一家健身馆的会员作为研究对象。在开始例行锻炼之前，参与者先喝一种饮料，并被告知这种饮料能提神。参与者被分为两组，一组被告知饮料的价格是2.89美元一瓶；另外一组被告知饮料一般卖2.89美元一瓶，但是因为他们买得多，可以享受每瓶89美分的折扣价。同正常价格组相比，降价组反映锻炼强度较低，且运动后非常疲劳。一般情况下，越贵的东西意味着越好，但是在本实验中，昂贵的启动其实是不必付出如此代价的。

丹·艾瑞里、巴巴·希夫和丽贝卡·L.瓦贝尔还做过另外一项设计巧妙的研究。他们这样描述：新型阿片类镇痛剂获得了美国食品药品监督管理局的认可，药理和可待因类似，但是见效更快。一半参与者被告知该药卖2.5美元一粒；另外一半被告知该药价格降到了10美分一粒。研究结果发现，被告知药价较高的参与者，反映镇痛效果较好，虽然事实上所有参与者服用的都是同一种药丸。

除了价格，安慰剂效应也许是启动效应的最好例子。我们假定一粒药丸能让我们病情好转，结果它果真就能促进健康，即使药丸里装的只是惰性物质。探究安慰剂是怎样起作用的，本质上就是探究心灵是怎样影响身体的。如果我们把心灵看作独立于身体的实体，那么，要理解安慰剂效应之类的现象，就要弄清心灵和身体是怎样交流的。然而，心灵和身体并非一直被看作相互独立的部分，在历史上的某些时期，身心二元论并不盛行，有些文化也不信奉身心二元论。实际上，直到今天，非洲南部卡拉哈里沙漠的布须曼人还认为身心一体，他们治疗生理疾病和心理疾病的方法是一样的。他们用一种整夜跳舞疗法来处理各种问题，从婚姻问题到感冒再到奶水不足。在治疗过程中，他们关注的是整个人，而不只是心灵或者身体。很不幸，在这种与世隔绝的部落里，还保存着这种身心非二元论。

很长时间里，心理学都从二元论的视角看待身心关系。直到 19 世纪末期，心理学才从哲学中分化出来，并从哲学家那里承袭了有关心灵的观点。一般观点认为，身心二元论始于笛卡儿。笛卡儿认为，心灵是非物质的，身体是物质的，只有身体才受物理规律的支配。尽管有很多人试图批判这种看法，但是，我们大多数人还是用二元论来看待自己的身心。

这不只是一个语义学问题或者学术理论问题，身心二元论会导致严重的后果。我们区分身体疾病和精神疾病的做法是有问题的；我们不该把身体和心灵割裂开来，也不应把其中一个简化为另外一个，更不该把它们看作两个不同但"相关的"实体。

心理学家赫伯特·莱夫库特讲过一个故事。一个长期住在福利院的女人一直不说话，这种状态持续了近 10 年，直到她因为住的那层楼要翻新而搬到一楼去。她原先住的三楼，在福利院病人的眼中，意味着无法康复、没有希望。一楼住的通常是那些即将出院的病人，他们享有一些特权，包括在医院的空地及附近的街上自由走动。

在组织病人搬移之前，福利院给病人做了体检。体检结果显示，这个女人很健康，尽管她不说话、不愿与人接触。令她的医生大为吃惊的是，搬到一楼并享受了一些特权之后不久，她开始对工作人员和其他病人做出回应。又过了不久，她开始说话了，而且变得很合群。不幸的是，三楼的翻新工作很快结束了，这个女人不得不搬回没有希望的楼层。不到一个星期，她就崩溃了，然后去世了。尸检结果显示，她的死亡没有明显的医学原因，不过，有些人说她死于绝望。

如果我们把心灵和身体看作单一实体的不同部分，那么，有关安慰剂效应的研究就有了新的意义，表明我们不仅可以控制自己的大部分疾病体验，而且也许还能拓展我们获得健康、恢复健康或者增进健康的能力。

安慰剂效应的表现形式通常是，单一词语激活一整套思维定式。我和学生做过一项研究，考察我们大多数人都有的一个思维定式：空军飞行员视力超棒。我们将参与者分为实验组和对照组。实验组先完成一项视力测试，然后扮演"空军飞行员"——他们穿上空军飞行员制服、坐上飞行模拟器，看附近一架飞机机翼上的字母，这些字母实际上就是视力检查表的字母。对照组也是先完成一项视力测试，然后坐进飞行模拟器，然后看视力检查表上的字母（对照组和视力检查表的距离，与实验组和附近飞机机翼的距离是一样的）。结果，与对照组相比，实验组的视力有了更大的改善，因为他们扮演飞行员，激活了与飞行员相关的心理定式。

最近，我的实验室的三个成员，马娅·吉基奇、迈克尔·皮尔逊和阿林·马登斯与西蒙斯大学护理系的丽贝卡·多诺霍合作继续开展视力研究。视力检查表一般都是越往上字母最大，越往下越小。既然视力测试一般是自上而下进行的，我们就有这样的心理暗示：到了某一排，我们就会看不清。如果把视力检查表反过来，从上往下字母越来越大，情况会怎样呢？现在，心理暗示变成：我很快就能看见下一排字母了。使用反过来的视力检查表检查参与者的视力，发现他们的视力确实变好了，能够看清以前看不清的标准视力检查表上的字母。除了一个参与者，其他人在反过来的视力检查表上能够看清的最小字母，比在标准视力检查表上能够看清的最小字母要小十号。有趣的是，参与者认为，他们在使用标准视力检查表检查视力时表现更好。这说明，我们看不见自己不曾期待的东西。

我们观察到，人们通常认为自己能够轻易辨认视力检查表的前几排字母。以此为基础，我们这回不是把视力检查表倒过来，而是做了调整，把标准视力检查表前两排去掉，直接从第三排开始。用这个新的视力检查表检查参与者的视力，发现他们的视力比在使用标准视力检查表检测时要好很多，现在他们能够看清之前看不清的字母。

如果一个人说他的视力很差，比方说是 20/40[1]，这是什么意思呢？是指他在任何情况下都看得一样清楚或者一样模糊吗？累和不累、饿和不饿、生气和不生气都一样？不管目标在什么背景下出现都一样？看移动的目标和看静止的目标也一样？看一种颜色

---

[1] 欧美国家常用分数表示视力，20/40 大约等于小数视力 0.5。——译者注

的某物和其他颜色的同一物品一样？看熟悉的东西和看新奇的东西也一样？我认为，肯定是不一样的。

也许有很多方法可以改善我们的视力。心理学家达夫妮·巴韦利埃和 C. 肖恩·格林发现，玩电子游戏可以改善视觉技巧。有趣的是，他们把视觉技巧的改善归因于不确定性——将要发生什么事情以及将在什么时候发生。当我们不知道会发生什么时，我们就会变得很有觉知。

如果期待能以这种不同寻常的方式影响我们的视力，那么它也许也能以同样的方式影响我们的听力。汤姆·米库基斯——我实验室的另外一名成员，参照视力研究对此进行检验。我们使用新南威尔士大学提供的在线听力测验——等响曲线和测听术——作为听力测试的工具。每个参与者都被测试两次，一次为对照测试，另一次为实验测试，两次测试间隔一星期。每次测试都让参与者听两个声音系列：一个声音系列，声音从强到弱播放，每级相差 6 分贝，连续播放三次；另外一个声音系列，唯一的不同，是从弱到强播放。每次听到声音，参与者都要指出来。在视觉研究中，参与者一开始就知道视力检查表反过来了，为了使听觉研究与视觉研究一致，我们在实验测试开始前就告诉参与者声音系列将以什么顺序播放。我们对声音系列的播放顺序进行了控制，以消除训练效应（practice effects）。我们还在声音系列当中穿插了一些无声点，以确保参与者所有的反应都是真实的。就像在视觉研究中一样，我们发现，当声音系列从弱到强播放时，参与者因为怀有期待（在实验测试中，他们知道即将听到声音），所能听到的最小响度，比没有期待（在对照测试中）所能听到的最小响度要低一级。在 21 个参与者中，有 14 人表现出了这种效应。就像语言可以启动行为一样，期待也可以。它们能对我们的身体，包括视力和听力，产生可测量的影响。

安慰剂效应存在的普遍性远远超过了很多人的想象。比如：我们让参与者接触无毒的常青藤，但是告诉他们常青藤有毒，他们身上真的出了疹子；我们让参与者喝一种不含任何提神物质的饮料，但是告诉他们饮料里面含有咖啡因，结果，他们的运动成绩和心率都提高了。（他们还表现出其他一些他们认为摄入咖啡因之后会有的反应。实际上，从饮料所含成分的药理作用来看，这些反应根本不该出现。）赫伯特·本森和小麦科利研究过几种治疗心绞痛（一种非常严重的胸痛）的安慰剂疗法的效果，发现：如果病人对这些疗法持有信任态度，其疗效是 70%~90%；如果病人对这些疗法持有怀疑态度，其疗效只有 30%~40%。心理学家艾伦·罗伯茨、唐纳德·邱曼、莉萨·默西埃和梅尔·霍维尔考察了"做"球切除术（一种安慰剂手术）对溃疡病人的效果，结果发现：病人越相信这种疗法的疗效，实际疗效就越好。

欧文·基尔希和盖伊·萨皮尔斯坦对 2 318 名服用抗抑郁药治疗抑郁症的患者进行了分析，结果发现，就患者的治疗效果来看，25% 归因于实际药效，25% 归因于抑郁症的自然病程，50%

则归因于安慰剂效应。其他一些研究也证实，高达65%的医生开出的药物及给出的其他治疗方案可能依赖安慰剂发挥的作用。

虽然安慰剂效应确实具有难以置信的辅助治疗作用，但是，就像启动效应一样，它也是一把双刃剑。当消极的预期被消极的结果证实的时候，就会产生一种和安慰剂效应相反的现象：反安慰剂效应。以癌症诊断为例，美国人有一个很常见的心理定式，那就是认为癌症意味着死亡。一旦谁被诊断为癌症，他就很难再把自己看成一个健康的人，即使癌症还没有对他的身体功能造成任何影响。同时，那些不知道自己患有癌症的人，却可以健康地生活着。被诊断为恶性肿瘤患者的人常会过早死亡（而按照癌症的正常病程，病人不该这么早死亡），这似乎表明，仅仅对死亡的预期就会加速死亡的到来。

语言启动安慰剂效用最生动的例子也许就是逆时针研究。这项研究用语言启动参与者，让静修居所的老年人用现在时谈论过去。当语言让实验组的心灵处于一种更健康的状态时，他们的身体也跟着变得更健康了。

健康的观念可以激活健康的行为

最近，我和学生阿里·克拉姆从一个不同的方向演绎了"把心灵置于健康状态，从而给身体带来积极影响"这一观念。有件事情让我们很好奇：锻炼给健康带来的好处，是否应该部分或者全部归因于"锻炼有益于健康"这一认知？为了让大家理解我们这一发现的潜在重要性，在呈现惊人的发现以前，我们先观察一下最近开展的一些有关锻炼对健康有何好处的研究。

今天，有 28 个国家的人口预期寿命超过了美国（最高的是日本，超过美国大约 5 年）。这是什么原因呢？美国人怎样做才能变得更健康？很多人认为，我们如果改变久坐不动的习惯，就会变得更健康。有关锻炼与身体健康的系统性研究始于 20 世纪 50 年代，关注焦点是职业劳动。第一项正式的实证研究，是由伦敦医学院的第一位社会医学教授杰里米·莫里斯医生主持的。他与同事一起，比较了双层巴士汽车司机和售票员的心血管健康状况，结果发现，同成天坐着的司机相比，老是上下楼梯的售票员的心脏病发病概率明显较低。这项研究引发了以锻炼对健康影响为主题的研究热潮。

已有研究证明，运动能够降低早亡风险。有人做过估计，美国每年大约有 25 万例死亡是由缺乏运动所致。确实，几个纵向的相关研究也指出，那些称自己较少运动的人或者心血管健康基线水平显著较低的人的死亡率较高。不过，这些研究的结论只具有推断性，因为它们没有设置对照组。话虽如此，1962 年，有一项研究从哈佛校友里选了一些久坐的中年男性进行调查，并于 11 年后进行了一次追踪调查，结果发现，那些经常进行中等强度运动的人的死亡率降至 23%。更近一些的一项研究调查了 7 000 多位年龄在 29~79 岁的男性和女性，结果发现，运动量越大（不超出中等强度范围），死亡风险越低。相关研究还发现，锻炼能降低人们罹患糖尿病、癌症、冠心病、高血压、骨关节炎和与肥胖有关的疾病的风险。在心理疾病方面，比如压力和抑郁，也有研究得出了类似结论。这样看来，锻炼确实很重要。

1995年，美国疾病控制中心发布了一份报告，在大量文献综述的基础上，为所有美国人制定了一套新的健康指南：成年人每天最好进行30分钟或者更长时间的中等强度的运动。

研究指出，每天的运动不一定非得一下子做完，可以分几次完成。虽然给出一个具体的参考值并不合适，但研究指出，每天最小的或者说最合理的运动消耗热量应该在150千卡左右。很多运动做上一会儿都可以达到这一数值，比方说，步行30分钟、打扫树叶30分钟，或者跑步15分钟。在该报告的序言中，美国健康和公共事业部秘书长唐娜·E.沙拉拉总结说，为了享受锻炼的好处，我们不必像职业运动员那样锻炼，只要做一些日常活动就好。比方说，每天花上至少30分钟的时间步行、骑自行车、整理花园，都可以改善我们的健康。

运动可以改变不同的生理路径，新陈代谢的、激素的、神经的、机械的，影响人体的各个组织。该报告总结了在美国范围内收集数据的五项调查研究的结果，结论如下：

• 大约15%的美国成年人会在闲暇时间有规律地（每周

3次，每次至少20分钟）进行剧烈运动；

• 大约22%的美国成年人坚持在闲暇时间有规律地（每周5次，每次30分钟）进行各种强度的运动；

• 大约25%的美国成年人在闲暇时间不进行任何运动；

• 不做运动的现象，女性比男性普遍，黑人和西班牙裔人比白人普遍，老年人比年轻人普遍，穷人比富人普遍；

• 美国成年人在闲暇时间最喜欢做的运动是步行和园艺（或者叫整理庭院）。

美国人看似久坐不动的一个原因是，测量运动量时并没把所有的体力活动都包括在内。在工作人口当中，白领劳动者越来越多，对这部分人来说，锻炼指的是工作之外的活动。此类研究一般是白领劳动者开展的，他们没有想到有时候工作也是一种锻炼。例如，在美国疾病控制中心1996年的报告中，用于说明美国人锻炼情况的调查研究，考虑了在休闲时的体力活动以及特意开展的体力活动，而没有考虑家务劳动（打扫、搬运之类的家务活也属于体力活动），这也许解释了为什么同男性相比，符合锻炼标准的女性更少。这些研究也没有把工作岗位上的体力活动考虑在内，这也解释了为什么西班牙裔人、黑人、穷人没有进行足够的"锻炼"（他们大多数人从事的是非常辛苦的体力劳动，下班之后既没时间也没精力去锻炼）。而数据则表明他们需要锻炼。另一方面，如果我们能够启动锻炼观念，那么，这些人能够在不改变日常习惯的情况下从中获益吗？锻炼观念可以起到安慰剂的作用吗？

虽然今天很多人从事的都是需久坐的工作，但还是有些职业能够让人们在工作中进行很多运动。例如，宾馆客房服务员，每天平均要打扫15个房间，每个房间需要20~30分钟，其间要完成推、够、弯、举之类的动作。因此，客房服务员的运动量实际上达到甚至超过了医生对健康生活方式的一般要求。虽然这些女性的实际运动量很大，调查统计结果却显示，她们的健康状况非常糟糕。从血压、体重指数、身体脂肪率、体内含水率以及腰臀比（这些可都是重要的健康指标）来看，她们的身体处于一种很危险的状态。

客房服务员往往不假思索地认为，锻炼和工作是不同的、相互独立的，这正好为我们提供了一个机会：看看能否通过启动锻炼观念来改善她们的健康状况。2007年，我和阿里·克拉姆决定研究这个群体。我们先确定一件事情：这些女性一开始并没有把自己的工作看作锻炼。在进行正式研究之前，我们做了一次调查，发现她们当中有2/3的人表示自己没有进行有规律的锻炼，大约有1/3的人则说自己没有进行任何锻炼。尽管这些女性每天的体力活动量都达到了要求，但是，她们没有意识到自己的工作就是在锻炼身体。如果我们改变她们的认知，她们能够享受到锻炼的好处吗？

我们首先问的是："女性客房服务员总体上有多健康？她们

从事的体力劳动与其实际健康状况有着怎样的关系？"我们进一步问的是："她们有没有意识到其工作就是一种很好的日常锻炼？"为了回答上述问题，我们找了7家宾馆协助我们进行研究，并随机将其分配为两组。

对实验组，我们发了一个布告，让客房服务员知道她们每天的工作相当于进行了足够的锻炼，由此享受到锻炼的好处。布告列出了锻炼的好处，并且告诉她们，她们每天的劳动相当于锻炼，而且运动量达到了美国疾病控制中心的健康标准。该布告用英语和西班牙语两种语言写成，由一个不知道研究假设的实验者宣读并解释给客房服务员，然后贴在客房服务员休息室里的信息公告板上。

参与者被告知，为了找到改善她们健康的方式，我们要收集她们的健康信息。作为回报，我们会把我们在健康与幸福感方面的研究结果分享给她们。她们不知道，这些信息与我们对她们实施的生理测量有关。

在对照组，唯一的不同是，我们没有告诉客房服务员，她们的工作本身就相当于锻炼（我们后来告诉了她们，不过是在第二轮测量结束后）。

参与者通过宾馆招募。研究一开始，我们首先测量了参与者的几项健康指标，包括体重和血压。为了防止对照组被试和实验组互相交流信息，我们把来自同一家宾馆的所有参与者都安排在同一组。总共有84名参与者。

在一个小时的会上，全部参与者都被告知，本项目研究的是如何改善宾馆从业女性的健康并提高其幸福感。每个人都要完成一份问卷调查，在完成问卷调查的过程中，我们安排她们单独到另外一个房间做体检。然后，我们为实验组做了一个简短的报告，主题是，她们的工作就是一种很好的运动，性质与在健身房的运动差不多。4个星期后，我们回去做跟踪测量。我们向所有参与者问了问题，把能够想到的问题都问了，目的是弄清楚在这4个星期中，她们的实际行为有没有发生变化。我们还让参与者报告：她们觉得自己的工作与一般主妇相比有多累。

我们发现了什么？实验组感觉运动量增加了，而对照组则没有。实验组中有规律地运动的人员占比增加了一倍多。除了一个参与者以外，实验组所有人都表示自己参与了一定的运动。而实际上，实验组和对照组的运动量都没有增加。

由此看来，我们的指导语被理解了，她们是怎么领会到的呢？

实验组原先不知道自己的工作就是在运动，现在意识到了，于是思维发生了转变，身体状况也有了明显的改善。在知道自己的工作就是很好的运动方式仅仅4个星期之后，实验组的体重平均减少了大约2磅。此外，她们的身体脂肪率显著下降，体内含水率也上升了。首先，这意味着体重的减少不只是体内水分的减少引起的；其次，这表明她们的肌肉增多了（肌肉的含水率比脂肪高）。这样，体重减少2.7%这一结果更有意义（因为肌肉所占的比重比脂肪大）。最后，对照组与实验组有很大的不同，她们的体重和体脂率都增加了，这样，我们的发现就更有说服力了。在血压方面，实验组的收缩压下降了10个点，舒张压下降了5个点，变化是显著的。

虽然她们身体不好的原因有很多，包括遗传因素和饮食习惯，但是，我们研究的关注点是运动。再次强调，这些女性原先并没有把自己的工作视为运动。实验刚开始时，2/3的参与者表示没有定期运动，大约1/3的人表示从不运动。

我们要着重指出，虽然实验组表示运动量增加了，但是，她们并没说在工作之外做了哪些运动。实际上，她们说在工作之外运动量反而减少了，因为她们减少了跑步、游泳或者仰卧起坐之类的运动。她们上下班走的路不比原来多，做的体力活也不比原来多。另外，根据主管提供的信息，在整个研究过程中，她们的工作强度都是稳定不变的。她们反馈的运动量不同，不是因为她们的实际运动量发生了变化，而是因为我们提供的信息改变了她们的认知。

传统健康学认为：要想减少体重和体内脂肪，必须配合生物及生理上的变化；锻炼能降低血压是因为在锻炼过程中周边血管开始扩张，而且，长期锻炼身体可以减弱交感神经系统的活动水平，进而有助于控制血压；体重方面，锻炼可以通过增加非静息能量消耗来减少体内脂肪。如果能量消耗超过了热量摄入，体重就会减轻；理论上，脂肪每减少1磅就需要消耗3 500千卡的能量。如果真是这样，认知的变化（感觉到运动量增加）是怎样启动生理变化的呢？

怀疑主义者会说，尽管我们得到了这样的结果，但是，感觉到的运动量和健康之间的关系也许受到了行为变化的调节。例如，认识的变化可能会刺激实验组改变自己的饮食和物质滥用习惯。然而，之前的研究发现，这类行为很难改变。如果实验组的饮食和物质滥用习惯确实发生了改变，那么，我们的研究结果就会变得很有意思。反之，考虑到大量研究表明这类行为很难改变，再考虑到本研究的参与者反馈说没有发生上述变化，我们认为，思维定式的变化引发的健康方面的变化，其机制可能和安慰剂效应一样。

我们无法用身心二元论解释诸如此类的变化，因为它否认心灵能够直接影响身体。身心二元论没有可以帮助我们理解和解释诸如安慰剂效应之类现象的概念性工具，而安慰剂效应之类的现象是确实存在的，我们无法否认。传统医疗模式一般不把身心看作一体，但是很少否认压力反应、性反应、恐惧反应以及厌恶反应不仅有心理上的表现，而且也有身体上的表现。这似乎也说明，我们在疾病和健康方面的思维定式会对我们的生理产生很大的影响。

至于研究期间实验组客房服务员的生理生化水平发生了什么变化，我们不得而知。如果能据此对实验结果加以解释自然最好，不过，这也不能说明我们能做些什么来改善自己的健康。说到这里，我们不得不提及蒂娜·斯科尼克·韦斯伯格、弗兰克·C.

凯尔、乔舒亚·古德斯坦、伊丽莎白·罗森和杰里米·R.格雷一起开展的一项重要研究。论文的题目就说明了一切：《神经科学解释的神奇魅力》。研究者以认知神经科学课堂上的学生以及没有神经科学背景的人为研究对象，向他们呈现了一些研究发现及相关解释，让他们判断这些解释有多好。结果发现，如果解释参考了神经科学的内容（里面含有诸如"因为额叶脑神经元回路"之类的话语），即使参考的内容和研究发现并不相干，参与者也认为这样的解释更可信。

我们虽然没有做过这样的研究，但是可以问：如果我们把自己看作锻炼者，而实际上并没有锻炼，那会发生什么？我在打算去锻炼时，觉得自己更健康，即使我并没有怎么动。事实上，我只是把远离冰箱的那段时间看作在锻炼身体，但这毕竟是两码事。我们怎样看待食物，真的能决定食物会对我们的身体产生什么影响吗？例如，那些没有通过糖替代品减肥的人真的认为自己在吃糖吗？如果想象自己在吃糖果，我们体内的血糖水平真的会升高吗？想象自己呼吸着清新空气，我们的呼吸能力真的会变强吗？想着自己会被传染，我们真的就会生病吗？

今天，很多人做整容手术。如果把以上研究发现应用到此类事情上，我们就会得出一个非常有趣的结论：如果认为自己看起来更年轻，就真的会变得年轻，不管用什么作为年龄指标。此外，我也许会进行更多的锻炼，这会进一步让我变得年轻。我也许还会认为，进行更多的锻炼是因为年轻人都这么做。在这种情况下，虚荣心或许真的有用。

回到20世纪70年代，那时，心理学家杰拉尔德·戴维森和斯图尔特·瓦林斯做过一项研究：在不同条件下对参与者实施电击，并记录他们愿意承受多大的痛苦。研究者先给参与者一粒药丸（实际上是安慰剂），告诉他们这有助于更好地承受痛苦，然后对参与者实施电击，并进行记录。电击装置的设计原理是：让每个被电击的人都认为自己实际承受的痛苦没有超过自己所能承受的痛苦极限。接着，研究者告诉一半的参与者，他们刚才服用的实际上是安慰剂，又告诉另一半参与者，他们刚才服用的药丸的药效已过。最后，研究者再次对所有参与者实施电击，观察这次他们愿意承受多大的痛苦。被告知自己服用的药丸是安慰剂的参与者，把他们刚才的超常表现归因于自己而不是药丸，与另外一半参与者相比，他们这次能够承受更大的痛苦。如果我们给某人开了一种安慰剂来治疗她的某些症状，在这些症状消失之后，我们告诉她刚才服用的是安慰剂，那么她就会知道症状的消失是因为她自己。这个发现可以推广吗？我认为可以。会发生什么变化呢？我认为，我们会留意并且试着利用自己的身体透露给我们的细微信息。

现在，大部分人都知道，安慰剂可以有效地治疗很多疾病。如果某项研究发现一种药物能改进90%，而安慰剂只能改进30%，那么，该药物就会被视为有效。这类研究遗漏了一点：没有比较药物和安慰剂各自的副作用。安慰剂没有消极的副作用，而大多数药物都有很大的副作用。当然，弄清怎样让副作用较小的物质发挥出强大的药力，是很有价值的。问题是，我们真的需要安慰剂药丸吗？

看来，安慰剂是个好东西。我们在接受一种药丸时，一起接受的还有一句谎言——它是有效的，如此一来，我们就形成了一种良性的思维定式，并且治愈了自己，然后把我们的康复归因于药丸（不可能是药丸治好了我们，因为它毕竟是安慰剂）。认识到当安慰剂起作用的时候，实际上是我们在控制自己的健康，相信我们能学会直接掌握自己的健康，这样会不会更好？

社会心理学家喜欢说行为很大程度上是由情境决定的。例如，我们在图书馆里的行为就与在足球比赛场上的表现很不同。情境可以发挥启动作用。然而，社会心理学家很少提及的是，谁在控制情境。既然可以从很多角度去看待同一情境，而且，既然情境可以控制我们的行为，那么，我们想实施怎样的行为，就可以选择一种有利于我们做出这一行为的情境。因此，我们可以把情境划分为有益于健康和无益于健康两种。

我和劳拉·许、郑在宇（音译）收集了很多档案资料，希望能进一步证明心灵能够对身体产生影响，并找到更加直接的控制我们健康的方法。就像我们已经看到的那样，关于变老的消极观念可以直接或间接地让老年人活力衰退，同样，如果没有它们，则可以让老年人增强活力。这里，我们想要检验的一般假设是：当我们处在一种会暗示变老的情境中，是否会老得更快？考虑到人们认为着装应该与年龄相称，所以我们想以穿衣为例，看看衣着是否会对心理年龄产生影响。比如，让一个 60 岁的女性试穿超短裙。大多数情况下，人们会强烈建议她不要买超短裙，但是，我们会把 16 岁的女性穿超短裙看作一件平常的事情。

同日常服装相比，有些制服老少皆宜，不怎么受年龄的限制，于是我们这样推论：穿制服上班的人得到的年龄暗示不如穿自己衣服上班的人多，因此，前者比后者更健康。为了验证这一推论，我们找到了美国国民健康访问调查收集的 1986—1994 年的调查结果，分析了 206 种职业从业人员的健康资料，结果发现，同那些薪水相同但不穿制服的人相比，那些穿制服的人确实更健康，后者因为生病或者受伤而误工的天数更少、看医生的次数更少、住院治疗的次数更少、自我报告的健康状况更好、患慢性病的概率更小。

接下来我们考察，对于中产阶层和中上阶层来说，衣着的年龄暗示效应是否更强。我们这样推论：如果富人因为买得起衣服而在着装上更富变化并且更频繁地更新自己的衣柜，那么，他们应该体验到更多的年龄暗示。这样，对于高收入阶层来说，制服效应应该更加突出。确实，我们发现，在其他条件相同时，穿制服的人比不穿制服的人更健康，而且，随着收入水平越来越高，这一效应也越来越明显。

数一数高端百货商场诺德斯特姆和中端百货商场西尔斯分别有多少个品牌、多少种样式的牛仔裤和衬衫，对比一下就能发现显著的差异。诺德斯特姆有 38 个不同品牌的牛仔裤，10 种不同的裤型（例如靴型裤、喇叭裤）；西尔斯有 17 个不同品牌的牛仔裤，5 种不同的裤型。诺德斯特姆有 930 种不同样式的衬衫，西尔斯有 560 种不同样式的衬衫。诺德斯特姆的商品、品牌和样式更多，这意味着购买力更大的人群拥有更多选择。既然衣着是地位的象征，那么，越有钱就意味着越有能力紧跟时尚潮流。对于高收入阶层来说，制服也许可以起到"缓冲"作用，让他们暂时忘记自己的年龄。

为了检验这一想法，我们还研究了过早秃顶的人。秃顶是变老的暗示，我们据此预测，年纪轻轻就秃顶的人也许认为自己比实际年龄显老，于是老得更快。我们发现，同那些没有秃顶的人相比，那些过早秃顶的人更有可能被诊断出患有前列腺癌，也更有可能患上冠心病。我们把这一发现讲给别人听时，有人认为这一结果可能是由过早秃顶的人和没有秃顶的人之间的激素水平差异造成的。后来，我们咨询了几名医学专家，询问他们怎样理解过早秃顶和前列腺癌之间的关系。但是，他们都未能给出解释。

接下来，我们研究了那些在年纪较大时生养孩子的女性。我们预测，因为她们被较年轻的暗示包围着，所以她们应该活得更长。我们发现，同那些在较年轻时生养孩子的女性相比，她们的预期寿命更长。考虑到不管一个人在什么年龄做父母，生养孩子都是一件很累很辛苦的事情，你也许会做出相反的预测。

最后，我们比较了那些年龄差距在 4 岁以上和在 4 岁以下的夫妻。在前者当中，较年轻的一方被年长一方"较年老的"暗示包围着，因此，我们预测他们的寿命更短。相反，年长的一方被较年轻一方"较年轻的"暗示包围着，因此，我们预测他们的寿命更长。我们发现，正如预测的那样，与比配偶年长很多的人相比，比配偶年轻很多的人预期寿命更短。

有些情境似乎是典型的变老暗示。如果处于这种情境中，我们可以选择关注那些最能为我们所用的暗示，而不是不知不觉地让这些暗示侵蚀我们的生命活力。

心理状态也可能和所处情境有关。比如，疲劳程度可以被视为一种心理建构，如果情境暗示我们"应该"很累，我们也许就会真觉得累，累的程度超过没有此类疲劳暗示的时候。多年以前，我和学生非正式地检验过这个推论。我们给一个班的学生布置了一份作业：回去让朋友做100个跳爆竹（一种运动），看他跳到多少的时候会喊累。我们给另外一个班的学生布置的作业是：回去让朋友做200个跳爆竹，看他跳到多少的时候会喊累。结果，两个班的学生都回来报告说，他们的朋友跳到2/3的时候会喊累，也就是说，前面那组跳到65~70个的时候会喊累，后面那组跳到130~140个的时候会喊累。在另外一个实验中，我们让两组人打字，一组的任务量是一页，另一组是两页。他们使用的文字处理程序不会显示拼写错误，这样他们就能不间断地打下去。结果，第一组在任务完成了2/3的时候，也就是打到一页的2/3时拼写错误最多；第二组的任务虽然是第一组的两倍，但他们也是在任务完成了 2/3 的时候，拼写错误最多。

  这是怎么回事？我认为，我们给手头的任务强加了一种结构，即把任务分为开始、中间、结束三部分。随着任务临近结束，我们会觉得很累，于是想着早点完成这项任务，以便开始下一项任务。有些人做事之所以进展不顺，也许是因为没有给任务划分好结构，或者是根本没有给任务划分结构。

  在日常生活中，到处可见情境启动疲劳感的例子。比如，上了一天班后，我们也许会感到筋疲力尽，只剩下回家睡觉的力气。确实，下午 3 点的茶歇时间也许就是这个"2/3 效应"发挥作用的结果。尽管如此，重要的是，我们视以为真的身体极限，大部分也许是习得的结果。我们习得了诸如"开始""中间""结束"之类的概念，于是，我们的身体就有了相应的表现。

第七章

不要让诊断结果成为自我实现的预言

智慧迷失在知识中。

——T.S. 艾略特《岩石》

1979 年，我时年 56 岁的母亲死于乳腺癌——至少医学诊断是这样的，而我到现在仍然不确定。在去世之前，母亲的癌症已经"缓解"。是她很快得了另一种癌症，还是癌症复发击垮了她？直到今天，我仍然不知道"缓解"到底是什么意思。然而，从心理上说，"缓解"和"治愈"是截然不同的。语言具有一种神奇的力量，能够增强或者减弱我们的控制感。在同一情境下，不同的用词可以把我们的认知引向不同的方向。如果某人得了癌症，后来癌症消失了，我们就说癌症缓解了，意思是有可能会复发。如果癌症没有复发，那么它是"缓解"了，还是被"治愈"了？

不妨比较一下癌症用语和感冒用语。我们往往把每次感冒说成一次新的感冒。每战胜一次感冒，我们就更加相信能够战胜下一次感冒。一生之中，我们一般会感冒很多次，每次感冒有很多相似之处，也有不同之处。"这次感冒先是嗓子痛，上次感冒先是鼻子不通。"我们大多数人都擅长描述感冒的过程，但是，谁规定我们应该关注每次感冒的不同之处（大多数人都是这样），而不是相似之处呢？大多数人根本意识不到这里居然涉及选择。我们在很小的时候就被教导：每次新感冒都和上次感冒不同，但是，不管哪次感冒，我们都能掌控。有关的心理证据是：上次感冒的症状只在我们身上持续了一段时间就消失了，因为我们成功地战胜了它。

然而，至于癌症，"缓解"这个词暗示着我们在等"它"回来。如果"它"确实回来了，复发就会被视为癌症的一部分。从心理上说，这会让我们觉得自己被打败了。每次和新的感冒做斗争，我们都在心中暗想："我以前打败过它，所以这次也能。"然而，如果癌症复发，我们就会想："它赢了，我终究没有'它'强大。"我们使用的语言会让自己看到各期癌症的相似之处，就像它们让我们看到每次感冒的不同之处一样。当然，癌症比感冒要危险得多，所以，我们更要仔细考虑关于癌症的措辞。

母亲去世后，我对医学界的态度变得有些矛盾。病很重时，我也去看医生，但是，我认为很多医生都低估了心理对健康的影响。前面已经指出过，心理学文献中充斥着大量绝望对健康造成严重危害的例子。尽管这些实验数据并不像对我一样对所有人都有说服力，但是大家都明白，绝望会影响人们在健康方面的选择，会让人不想再活下去。如果不管怎样，一个人都会很快死去，他何必还要劳神锻炼和吃药呢？是癌症杀死了我母亲，还是我们用来描述癌症的措辞让她选择了放弃？

我的一个朋友被诊断出患有乳腺癌，现在处于"缓解"状态。她有充分的理由相信自己已经好了，但她还是很害怕。当我们谈论她的癌症的时候，与母亲的死相关的一切事件都会栩栩如生地浮现于我的脑海。如果我母亲能想到她的第二期癌症和第一期是不同的，会不会有不一样的结局？如果我们用"治愈"而不是"缓解"来描述我这个朋友的状态，她现在是否会更安心？

最近，我和同事艾琳·弗洛德尔、谢利·卡森一起研究了语言对癌症幸存者健康的影响。我们从新英格兰地区招募了64名参与者，她们都得过乳腺癌，现在都处于一种稳定状态，并且都参加了"比赛治疗"或者"迈向健康"之类的活动。她们完成了几份健康问卷调查并填写了一份觉知量表，然后把自己归于缓解组或者治愈组。分析结果，我们发现，同缓解组相比，治愈组总体健康水平显著更高、身体功能更好、因为健康问题造成的角色限制更少，疼痛也更少。同缓解组相比，治愈组感觉精力更充沛，更不会觉得累。在情绪健康方面，同缓解组相比，治愈组心理幸福感更强、社会角色扮演得更好、抑郁水平显著更低。我们还发现，不管参与者把自己归于缓解组还是治愈组，参与者在觉知量表上得分越高，身体机能就越好、整体幸福感就越强、因为情绪健康问题造成的限制就越少，并且觉得精力更充沛。总体来说，这些发现令人印象深刻。

把酗酒者的状态称作"康复中"而不是"已康复"，用语上的这一小小区别也能造成同样的效应。如果一个酗酒者连续10年滴酒未沾，称他处于"康复中"就比较奇怪。"康复中"一词，暗示着我们是现状的受害者，并且无力摆脱现状。

医学界告诉我们，酗酒者应该把自己看作"康复中"而不是"已康复"，提醒自己不该喝酒。然而，当觉得自己很强大的时候，也许更容易控制自己不去喝酒。"康复中"暗示着你从未彻底解决自己的问题，而"已康复"则暗示着信心和力量。在我看来，一个人越觉得自己强大，他或她越不容易重染恶习。

如果我们把酒精中毒称作一种过敏而不是一种疾病，情况会怎样？如果一个人对酒精严重过敏，下次想喝酒时就会三思而后行。对贝壳类食物过敏的人一般不吃虾或软体动物。"过敏"一词暗示着过敏的人能够控制自己的状况，而"疾病"一词则暗示着病人不大能左右自己的病情。

重新审视医学用语有着多方面的意义。例如，如果服用百忧解或者百可舒之后抑郁症状消失了，我仍然会把自己描述成一名抑郁症患者。我会认为服药是抑郁症缓解的主要原因，因此抑郁症一直还在。然而，如果服用阿司匹林来治头痛，我就会觉得自己的头痛已经"消失"了，即使它仍然定期发作，而且我还要经历下一次。

如果抗抑郁药治疗抑郁像阿司匹林治疗头痛一样有效，在我看来，服用抗抑郁药的人就不该再把自己看成抑郁症患者。如果抑郁症状已经消失，说明他已经不再抑郁，就算他还在服用抗抑郁药。

我们选用的医学用语既有正面影响又有负面影响。以维生素为例，即使被做成药丸，用于缓解关节炎和疲劳之类的问题，它们还是被视为"维生素"。平时我们服用"维生素"来维持健康；生病时，我们服用的维生素就叫作"药丸"。依我看来，"健康"和"不生病"不是一回事。当人们说自己服用维生素的时候，"我是健康的"这一心理暗示得到了强化；相比之下，当他们说自己在服用"药丸"时，就强化了"我生病了"这一心理暗示。

我们要考虑用语言重新包装自己的健康体验和生病体验。"杀痛剂"[①]一词暗中强化了"我们不能选择如何解释某种感觉"的观念。其中，"痛"是个要除去的东西，而"杀"则暗示着痛确实是一个棘手的问题，不服药的话我们就拿它没办法。其实，我们只需服药即可消痛，用不着"杀痛"。实际上，"痛"包括很多不同的感觉。我们可以把痛理解成感觉，而不是要用药丸去"杀死"的大问题。不给各种疼痛感觉命名，而只是去体验它们，这样也许有好处。我们就会看到，疼痛不是静止的，而是变化的。一种头痛在某一时刻可能让人无法忍受，而在下一时刻也许根本就注意不到。注意到变化，我们就能控制感觉；注意到变化，我们甚

[①] painkiller，一般翻译成"镇痛剂"，这里翻译成"杀痛剂"更符合原文语境和作者用意。——译者注

至可以不必施加任何控制。因为，疼痛会自行消退。

我们的医疗用语使得那些癌症、酒精中毒症或者抑郁症患者把他们所患的疾病视为自身难以对付的一部分。相比之下，感冒和头痛描述的只是我们在某个特定时间的状态，而不是我们自身。如果根据每次生病的具体情况来称呼它们，也许就能改进"我们自身"。比方说，我肚子痛了去看医生，如果医生说我得了肠胃炎，离开医院的时候我可能会觉得好受一些。得知自己得了什么病多少会给人一点安慰，但是，如果意识到某个特定的名字及其含义只是若干选择中的一个，我们对疾病的控制能力就会变得更强。比如，如果只是一般的肚子痛，我们可以命名为消化不良或者其他毛病；如果比较严重，我们可以称它为胃溃疡。只是，我们大多数人一直意识不到这一点。

有时候，我们可能会意识这点，比如，"原来这句话还能这样用"，或者，"这种情境原来还可以这样描述"。几年前，我用过一款新的听写软件。那段时间我右手的中指受伤了，为了能够继续写字，我在计算机上安装了这款软件，让计算机写下我说的话。当我说"gastroenteritis"（肠胃炎）时，屏幕上出现了"Castro decided to invite us"（卡斯特罗决定邀请我们）；当我说"belief"（信仰）时，它把我带到了"Belize"（伯利兹）。语言识别软件识别不了具体情境，给出的词语有时很搞笑。然而，我们却可以识别情境，因此，我们应该认真地斟酌措辞，特别是在涉及健康问题的时候。

我们可以选择把某种病情视为"缓解"或者"治愈",把酒精中毒症视为过敏或者疾病。让我们揭开描述各种疾病的标签,看看在它们背后到底隐藏了什么吧。

不要用医学标签把自己定义为"病人"

公平地说,标签有助于我们整理思路。但是,当标签决定我们思路的时候,问题就产生了。在大部分情况下,我们都是盲目地接受一个标签,结果导致"过早认知承诺"(premature cognitive commitments)——这个名词是我创造的,简单地说,我们通常不假思索地接受一个标签,并把它当作不变的事实。

30多年来,我一直在研究"过早认知承诺"或者说思维定式的负面影响。我和同事本齐翁·查诺维兹研究"过早认知承诺"的时候发现,不加质疑地接受一则信息的时候,我们往往从单一的角度理解它,并且始终坚持这样做。我们信以为真,从来不去质疑,即使这样做对我们有好处。我们经常用这种方式来对待我们认为不相干的信息。是啊,如果信息不重要,为什么要劳神质疑呢?问题在于,此时不相干的东西在彼时可能会变得非常相干。年轻的时候,我们认为自己还很健康、生命还很长,同时,我们也接收了有关癌症、阿尔茨海默病之类疾病的信息。后来,当我们被迫面对它们的时候,如果我们不做出改变,当初接收的那些信息会进一步让我们误入歧途。

在这项研究中，我和查诺维兹虚拟了一种失调症，叫作"科洛穆斯索斯症"（chromosythosis）。我们告诉参与者，它会造成听力下降，因此，我们要给他们做"科洛穆斯索斯症"检查，并给他们发了一本介绍这一症状的小册子。不过，参与者拿到的小册子并非都是一样的。前面三组参与者的小册子上说，80%的人都患有这一失调症，这样说是要让"科洛穆斯索斯症"显得和他们比较相关。我们还让他们想象，如果被诊断出患有这一症状，他们应该怎样帮助自己。第四组参与者的小册子上说，只有10%的人患有这一失调症——这样说是想告诉他们该疾病和他们关系不大。我们没有让他们想象，如果被诊断出患有"科洛穆斯索斯症"，他们应该如何应对。所有这些处理，都是为了让第四组参与者不假思索地对待这些信息。

第四组参与者果然不用心地接收了这些信息。我们给所有参与者都做了"听力测试"，证实他们确实患有"科洛穆斯索斯症"，然后又让他们做了一系列后续测试，检查他们是否出现了小册子中描述的具体症状。与那些认为失调症和自己比较相干、按照指示想象过被确诊后如何应对、有觉知地对待信息的参与者相比，那些认为失调症和自己不相干、不用心地接收信息的参与者在具体症状测试中的表现不及前者一半好。这说明，参与者最初对待信息的方式决定了他们后来如何使用这些信息。

当我们用一个词语描述一种症状或者疾病的时候，认知承诺效应就可能发生，这一效应有时会致命。一方面，科学界日益认识到癌症可能是一种慢性病甚至可以完全治愈；另一方面，大多数人却不假思索地给癌症贴上了"杀手"这一标签。这样一来，如果被诊断出患有癌症，我们就很容易放弃，即使我们所患的癌症并不致命。

有多少想要孩子但要不了的人被贴上了"不育不孕"的标签？有些人确实一直"不育不孕"，然而，有些人并非如此。一旦被贴上"不育不孕"的标签，就会极度失望，然后抑郁并充满压力，两者对夫妻关系都没有好处（有些医生认为，压力本身就是不育不孕的一个因素）。如果夫妻关系恶化，性生活就会减少，怀孕的可能性就会进一步降低。结果，"不育不孕"的诊断就成了一个自我实现预言。

传统医学一般分三步走：病人出现症状，医生进行诊断，病人接受治疗。贴标签甚至在诊断之前就开始了。病人的标签是"得到关注、护理或者治疗的人"。此外，病人还可以被定义为"遭受痛苦的人"。很快，病人会得到更多标签，他们被确认患有"某某疾病"，症状会被进一步描述为"急性"或者"慢性"，医生还会告诉他们治疗是"有风险的"。对医患双方的未来而言，这些标签都是有害的。

在临床诊断课上，医生学会了使用语言对症状进行分类。通过分类和给症状贴标签，医生获得了对症状的控制感。例如，在诊断过程中，医生把一组症状和一种疾病匹配起来后，从专业的角度讲，他就笃定了。通过给一种疾病命名，诊断医生就把这种疾病不确定的、不可预测的症状贴上了一个熟悉的、令人感到安慰的标签。他因此觉得笃定，就像重新控制住一种危险的细菌一样。诊断之初，医生脑中往往就有一条或数条假设，而随后的诊断过程极有可能被这些假设诱导。脑中有了假设以后，进一步收集信息的行动就会受限，这样就不容易产生其他的替代假设，误诊的可能性就会增加。

另外，一旦做出诊断，病情就必然呈现出通过语言来捕捉并驯化疾病的医学所描述的那种理想形式。仅仅给一种疾病贴上标签，就会营造出一种控制错觉，医生就会把该疾病看成是固定不变的。今天，现代医疗保健环境的压力大、节奏快，医生必须在强压之下高效工作，这样，我们不难想象，医生经常心不在焉地工作，尽量把病人的症状诊断成他们熟悉的疾病并采用相应的疗法。阿图·葛文德在其著作《并发症》中写道："相反，医学是一门不完美的科学，是一个生产不断变化的知识、不确定的信息、容易犯错之人的工厂。"每个个体都是不同的，每种致病细菌都是不同的，因此，每一种治疗策略也应该是不同的，然而，现代医疗界却极少这么做，这也许是因为西方医学的医疗工作过于制度化、标准化了。

我在耶鲁大学心理学系做实习生的时候，走入诊所的人基本上都把自己视为"病人"。当时，我也是这么看待他们的。和他们交流他们的问题（比如焦虑、决策困难、感到内疚）时，我常常把他们的问题贴上"异常"的标签，这一标签与"病人"标签一致。可是，当我在熟人身上看到同样的问题（决策或者承诺困难、感到内疚或者害怕失败）时，我却认为它们很正常。我觉得自己这种"双重标准"的做法很奇怪。于是，我开始对一个问题感兴趣：标签是怎样起到了有色眼镜的作用，让我们看到这样东西而不是那样东西，让我们从这个角度而不是那个角度理解看到的东西？在耶鲁大学的那段时间，我和心理学家罗伯特·埃布尔森做了一项研究来检验这一效应。我们制作了一段录像，录像里面是一个外表相当普通的人在接受工作访谈。我们把录像放给临床心理治疗师看，告诉其中一半临床心理治疗师，录像里面的人是"病人"，告诉另一半临床心理治疗师，录像里面的人是"求职者"，从而引起了对他的不同看法，这些临床心理治疗师有的是弗洛伊德派的，有的是行为派的（行为派治疗师接受的训练能够让他们的眼光忽略标签）。结果发现，当录像里的人被贴上"求职者"标签的时候，两派临床心理治疗师都认为他表现良好；当录像里的人被贴上"病人"标签的时候，弗洛伊德派治疗师认为他表现不良、需要治疗，行为派治疗师则认为他表现良好。

标签让我们踏上了"假设-证实"的数据搜集之路，亦即我们会自然地寻找支持标签的证据。既然大部分信息都是模棱两可的，结果当然是"寻找你就会发现"。"病人"标签让我们透过"问题-发现"视角审视自己的行为和生活环境，促使医患双方搜寻与疾病有关的症状。在这两种情况下，可能被视为偏离正常范围的典型被动的行为和感觉都被看成不健康的。此外，独立的健康

第七章 不要让诊断结果成为自我实现的预言　　165

线索可能会因此完全被忽略。实际上，克服这一问题的方法很简单。如果我们的脑子里装着两个互相竞争的假设，即"我是健康的"和"我生病了"，然后再开始"假设-证实"式的数据搜寻，这两个假设我们都会设法去证实，这样的话，我们就能对自己形成更准确、更全面的看法。我们会发现身体不错的证据，也会发现身体欠佳的证据。我们也许把自己看成总体健康、稍有微恙，也许把自己看成浑身疼痛、长期不适。此外，对于发现的不同东西，我们也会贴上不同的标签。把一种感觉看成某种大病的征兆，而不是客观地加以看待，从而让我们更不好受。

心理学家戴夫·罗森汉曾经开展过一项令人震惊的研究：他和自己的研究生假装有病混进了一家精神病医院。他们用假名字看病，告诉医生自己在没有人的时候也能听见声音。要知道，幻听可是精神分裂症的典型症状。在其他方面，比如生活、人际关系以及经历等，他们都说了真话。住院以后，他们不再说有幻听了，试图让医院的工作人员相信他们已经康复，可以出院了。结果，他们平均花了19天的时间——最短的7天，最长54天——才出院。医生同意他们出院时，给出的诊断结果是他们的精神分裂症状正在缓解，虽然其病房访客说没有在他们身上看到任何心理问题，其他病人也怀疑他们当中的很多人根本不是病人。

对我们而言，诊断和预断是两个具有特殊含义的词语。病人问"诊断如何"或者"预断如何"，好像这个答案与人无关。诊断和预断当然都是由人做出的，忽略这一事实会极大地改变答案的效果。比较一下病人听到的以下两种说法:"你的预断不妙"和"这位医生根据他在医学院所受的训练,给你做出了不妙的预断"。

如果语言更具情境适应性,我相信我们就能更好地控制自己的健康状况。我们会意识到医学事实不是从天上掉下来的,而是由某些人在变化多端的条件下决定的。医学决策依赖于不确定性,而没有不确定性就不需要做决策,我认为这一点再怎么强调都不过分。稍微认识到这种不确定性,我们就会明白,尽管医生可能既博学又富有同情心,但是他们不可能无所不知。其他人会影响我们,也会影响他们;他们做判断的时候,也会跟我们一样受到自身价值观的影响。但是,医生往往觉得他们应该隐藏这种不确定性,在极端情况下,他们甚至倾向于"挂黑纱"①,给出最坏的预测。如果你说病人会死,而结果病人没死的话,皆大欢喜;但是,如果你说病人不会死,而结果病人死了,很可能会惹上官司。

从某种意义上说,给某人贴上"末期"标签,也许是医疗界犯的最过分的错误。汉克·威廉斯唱过:"不管我们如何挣扎、奋斗,都不会活着离开这个世界。"但是,"末期"标签是用来预测早亡的。众所周知,医生不可能知道我们什么时候会死。因此,如果医生告诉病人处于"末期",这就会变成一个自我实现的预

---

① 古时候,谁家死了人,就会在门前挂上黑纱,今天有些地方仍然可见这一习俗。人们说不要"挂黑纱",意思是指不要在事情还未发生时就提前宣判坏结果。——译者注

言。医生做出这样的预测，事后证明准确性有多高？没有相关记录可以查验。

健康指标只是一个参考值，不代表真正的健康状态

医学界习惯用数字来描述病情：有血压值和脉搏数；做心电图或者脑电图可以获得更多的数字；而验血得到的数字还要更多。从很多方面来说，这样做效率很高。不过也要指出，就像标签一样，数字也能隐藏不确定性。通过数字能看出我们胆固醇较高或是较低，但反映不了我们是悲伤还是快乐，是精疲力竭还是精力充沛。我们变成了一系列数字，按照数字生活，经常让数字成为自我实现的预言。之前讲过，当我在讲座中问听众是否知道自己的胆固醇水平时，那些回答问题的人都有一种强烈的稳定错觉——他们在潜意识里以为胆固醇水平是稳定的，上次的体检结果就代表当前的胆固醇水平——尽管被问时，他们都承认胆固醇水平在变化，在自然地波动。上次的体检结果牢牢地刻在他们心中，以致他们每问必说出这一数字，虽然我刚刚费了很大力气告诉他们：如果不用心，就容易混淆思维定式的稳定性与其涉及的现象的稳定性。数字不仅能隐藏不确定性，而且还能让我们物化，导致自我实现预言。事实上，与我们的健康相关的数字并不能代表我们本身。

数字还可以制造精确错觉。比如一个42岁的人和一个54

岁的人，这两个数字除了能够看出前面那个人年轻一些，还能提供有关这两个人的其他信息吗？我们能够据此肯定哪个人更健康、哪个人更精力充沛，或者哪个人的创造力更强吗？当然不能。除了他们的年龄，我们就什么都不知道了，不管我们当初基于什么原因询问了他们的年龄。

数字存在于单一连续体中，传达的信息并没有让我们认为的那么多。如果一个人的癌细胞数量是另外一个人的两倍，我们能够据此预测什么呢？能预测谁病得更严重？谁会死得更早？如果前者原先很健康而后者病得很严重，你会怎样预测？

如今，BMI 指数①成了一个衡量是否超重的流行指标。它的计算方法是把体重除以身高的平方，然后乘以 703。这看起来似乎很精确，但有个问题：BMI 从来不是用来衡量一个人的肥胖程度的，它只是一个对个人体力活动进行分类的一般性指标。它不能区分肌肉和脂肪，因此，对于肌肉密度高的人来说，用它作为肥胖指标并不合适。要真正判断一个人是否肥胖，还要利用微电力测量这个人的阻抗，以推断其脂肪的厚度。

数字支持社会性比较。如果我有 20 个苹果，你有 30 个，这说明你的苹果更多。进一步追问，数字又能说明什么呢？我虽然只有 20 个苹果，但是，也许每一个都比你的大。在这种情况下，也许是我的苹果比你更多。你的苹果也许更熟，这意味着它

---

① BMI 指数，即身体质量指数，又被称为体质指数、体重指数。——译者注

们的味道更好或者很快就会腐烂。由此看来，仅凭数字提供的信息无法进行精确的比较。

有人研发出一个预测女性是否会发生骨质疏松性骨折的数学算式，并证明这一算式的预测准确率为75%。医生可以运用这一算式判断患有骨质疏松的女性病人是否会发生骨折，进而对更有可能骨折的病人实施预防性治疗。这听上去很不错，但问题在于，我们不知道自己属于预测准确的那部分（75%）人群，还是属于预测错误的那部分（25%）人群。

数字以及提供这些数字的检查并非没用。数字只是工具，如果工具被用于指导我们并给我们提供思路，使我们更具觉知，而不是控制我们做什么或不做什么的话，工具就是有用的。数字只能粗略地预测我们未来的健康，因此，数字不应成为判断我们健康状况的指标。

所有语言和数字背后都隐藏着不确定性

假如你刚做了头发，一位朋友说：ّ"啊，你做头发了！"停顿了一会儿后，她接着说："我喜欢这个发型。"她的停顿，让你感到不确定或者更糟，但你发现自己很难说什么。毕竟，她最后说她喜欢你的新发型。

你朋友的真正意思并没有说出来，而是隐含在沉默之中。沉默实际上震耳欲聋。在健康领域，沉默也发挥着同样的作用。假如你80岁了，在子女陪同下去看医生。你对着医生说话，可医生却只回答你子女的问题，而不是你的。医生传达的信息很明显：你不中用了。接下来，另外两个医生给你做检查，他们讨论你的病情，把你撂在一边。你被物化了，而且，他们不和你说话，让你越发觉得疾病成了你的全部。

病人常说，他们决定是否起诉医生医疗不当，很大程度上取决于医生用什么方式和他们说话。娜莉妮·安贝迪、黛比·拉普朗特、泰·阮、罗伯特·罗森塔尔、奈杰尔·肖默东和温迪·莱文森研究过医疗情境下不同语气产生的不同效果。是否起诉医生，这一决定无疑是复杂的。娜莉妮·安贝迪等人认为，病人起诉医生医疗不当，部分原因是不满医生冷冰冰的说话方式。他们做出如下假设：医生说话的语气与其医疗不当被诉史存在相关性。为了检验这一假设，他们把看病过程中医患的谈话录了下来；接着对录音进行处理，去掉谈话内容，只剩下语气；再接着，让几个不知道这一假设的人根据处理过的录音对医生进行评价，评价指标包括热情度、敌意度、支配度和焦虑度；最后，他们分析了医生在这些指标上的得分是否与其医疗不当被诉史相关。结果发现，语气被评价为不友好、支配性强的医生，因为医疗不当被起诉的次数较多。这说明，病人会对沉默、语气以及其他非言语信息做出反应，即使他们意识不到自己在这么做。

我和学生做过一项研究，想看看参与者对"专家"面对语言上的不确定时，以非语言方式传达自信有什么反应。为此，我们找到一群人，训练他们如何指导别人做放松训练；在他们学会之后，让他们找一位家人或者朋友，指导其做放松训练。我们还给了他们每人一封密封起来的信，内容是有关放松技术的介绍，我们让他们在指导家人或朋友做放松训练前，先把这封信交给对方看。我们还让他们在指导家人或者朋友做完放松训练后，假装自己脖子疼，看看家人或者朋友有什么反应。根据我们的设计，其中一半的人在接受训练后，会带着自信的姿态（身姿笔挺、语调平稳、眼神接触频繁）去指导别人，而另外一半人不会带着这种自信的姿态。我们让他们交给家人或者朋友的密封好的信分为两种，一种用揣测语气介绍放松技术，另外一种则使用直陈语气。我们把信密封起来，这样做的话，他们就不会知道其家人或者朋友是被分在了觉知组（揣测语气）还是漫不经心组（直陈语气），以保证最终的实验结果不出偏差。而他们的朋友或家人则可以打开信封阅读信的内容。我们想检验的是，在实验快结束时，当他们说自己脖子痛，其家人或者朋友在提供建议帮助他们止痛时，会不会考虑使用放松技术，尽管我们没有在信里提到放松技术可以治疗脖子痛。结果发现，当训练者带着自信的姿态并且其家人或者朋友收到的是用揣测语气写的信的时候，其家人或者朋友建议他们用放松技术治疗脖子痛的概率是相反情况下的两倍。

我们的文化喜欢把一切量化，在这样的环境中，我们能够做些什么呢？我们要提醒自己，这些话语和数字确实告诉了我们一些事情，又确实没有告诉。而且，我们可以坚信，它们背后隐藏着不确定性。25年前，我收集过一些资料，这些资料我从来没有整理发表过，由于它们与现在讨论的话题有些关系，我想分享给大家。我让一群老年人参加一项有关语言的研究，具体地说，是一项有关代词的研究。我让实验组的老年人在指定的一个星期内尽量使用"I"（"我"的主格）说话，让对照组的老年人在指定的一个星期内尽量使用"me"（"我"的宾格）、"he"（"他"的主格）和"she"（"她"的主格）说话。在一周快结束时，我让他们填写一份简短的问卷，内容是他们有多主动以及他们觉得自己对其生活有多强的控制能力。结果发现，多使用"I"增强了实验组的主动性和控制感。语言固然可以让我们不知不觉地以一种不利于自身的方式行动、思考和感受，我们也可以有意识地选择合适的语言，来帮助自己实现目的。

第八章

不要迷信任何一位"专家"

冷静、熟练地履行全部责任。照料病人时，要向他隐瞒大部分事情；在给出必要的医嘱时，要使用欢快、沉着的语气；转移其注意力，不让他关注你正在对他做什么；有时要大声、严厉地训斥他，有时要柔声细语地安慰他；不要向他透露有关其病情现状和未来的任何信息。

——《希波克拉底誓言》

健康是一个复杂的问题，医疗失误亦时有发生。研究病患安全问题的专家埃米·埃德蒙森在医院开展过一项重要的研究，探究医疗失误是怎样发生的，特别是医疗体系是怎样为医疗失误的发生提供温床的。她的研究表明，医疗保健机构很少从失误中汲取教训，因为人们不情愿报告失误（不愿坦白自己的错误，不愿指出别人的失误，也不愿指出存在的隐患）。护士担心报告失误会遭到训斥，于是就选择了不说。大部分医院，确切地说，大部分医疗机构都希望自己的员工是"适应的顺从者"。它们不希望员工提出反对意见，只希望他们很好地适应环境、粉饰他人的失误。它们不喜欢"捣乱的提问者"，就是那些看到问题就指出来、发现错误（不管是自己的还是别人的）就报告，还喜欢问一些"为什么我们要这样做"之类的烦人问题的人。问题在于，就像埃米·埃德蒙森指出的那样，如果一个机构想通过学习获得进步的话，就需要捣乱的提问者。

即使是小群体也容易出现群体思维或者凡事不假思索的现象。正如心理学家欧文·贾尼斯在其开创性著作《群体思维的受害者》(Victims of Group Think)中指出的那样，在群体中正式设定一个提反对意见的角色，有利于群体克服盲目从众的倾向。然而，很少有医院会训练员工凡事保持觉知，或者培养员工从错误中学习。虽然病人在医疗安全问题上一般不用承担什么责任，但是作为病人，我们应该扮演"捣乱的发问者"这一角色，就像在健康问题上扮演"觉知的学习者"一样。

一个群体要引进一项新技术是很不容易的，尤其是它会对群体的例行工作带来干扰的时候。在做心脏手术时，医生、护士、麻醉师、灌注师（负责运行心肺旁路设备的技师）总是一起合作，而且他们已经这样合作好几百次了。引进一台新仪器后，他们就要做出一些艰难的改变。埃德蒙森发现，引进一项新的心脏手术技术后，那些有一个最不在意身份差异的领导，也就是承认自己并非无所不知、愿意倾听下属意见的领导的医疗小组，交流最有效，学到的东西最多，觉得转变最容易。

　　但是，这种情况并不常见。常见的情况是，医生与其他医务人员之间的合作并不顺畅。因为体制原因（大多是这个原因），医生倾向于否认错误，结果丧失了从错误中学习的机会。医疗失误非常普遍，以至于在医学中开辟了一个专门学科来研究医源性疾病，也就是由医护人员的误诊、不当治疗或预防措施引起的疾病。根据美国医学学会 2000 年的报告《人皆有过》，在全美范围内，医疗失误的致死人数，超过了其他诸多众所周知的因素导致的死亡人数，如车祸、乳腺癌、艾滋病等，达到每年 98 000 人。既然医生富有同情心、智商较高且受过良好教育，怎么会这样呢？仔细分析一下就会发现，不用心是罪魁祸首。按理说，训练有素的医生会因为经验丰富而更容易注意到异常，然而，也许正是因为他们具有丰富的经验，才看不到某些异常。我曾想过，如果医院把新手和专家分到同一小组，情形会怎样。当然，医院现在就是这样做的，不过，其目的只是希望新手向专家学习，而不是让专家倒过来向新手学习。依我看，学习应该是相互的。医院应该让他们明白，专家也许能够看到只有训练有素的眼睛才能看到的东西，而新手也许能够注意到专家忽视的东西。

医生也会误诊，适当参考其他医生的"第二意见"

　　在《并发症》中，葛文德介绍了汉斯·奥林、拉尔夫·里特纳和拉斯·艾登布兰特开展的一项研究。研究人员让一位顶级心脏病专家（一般一年读一万张心电图）和一个复杂的电脑程序，根据心电图分别判断心电图的主人是否患有心脏病，看看谁的准确率更高。专家和电脑程序分别读了2 244张心电图，其中一半来自那些有过心脏病发作经历的人。结果，电脑程序正确识别出的心电图数量比专家多20%。这样看来，同医生相比，电脑的诊断准确率更高。

葛文德是一名医生，深谙医生的想法，所以他的书写得非常出色。在他看来，奥林等人的研究应该会得出要信任技术的结论。然而，在我看来，电脑还是弄错了384例。葛文德在书中提出了两个建议：一个建议是更多地依靠电脑做诊断；第二个建议沿袭了第一个建议的思路——教会医生像电脑一样做诊断。

根据30年来研究觉知和漫不经心（无觉知）的经验，我要对葛文德的两个建议提出异议。在我看来，只有以下两个条件都满足了，我们才可以采用一刀切的办法：

1. 我们找到了做某事的最好方法；
2. 这件事情一直保持不变。

可是我们知道，我们永远都无法确定第一个条件是否成立，而第二个条件则绝对不会成立。我们想把什么行为自动化并不重要。重要的是，在健康这个问题上，既然个体和群体是两码事，统计平均数只意味着并没有什么最好的方法。我们还知道，自己的健康状况一直在变化。

想一想，就像医生戴维·贝茨和卢西恩·利普曾经做过的那样，在开具处方和用药的过程中，哪些环节可能会出错：

1. 医生开处方；2. 处方被送到秘书处；3. 秘书誊写处方；4. 护士取处方；5. 护士确认处方并且也誊写一次；6. 处方被交给药剂师；7. 药剂师配药；8. 药剂师把配好的药交给护士；9. 护士给病人用药；10. 病人服用药物。

每一天，以上各个环节都会出错。住院病人平均每天要用10~20剂药，平均住院大约5天，这一切都大大增加了出错的概率。

为什么后面几个环节也会出错？看看社会心理学家罗伯特·恰尔迪尼列举过的一个案例就清楚了。一位医生给一个耳痛患者开的处方上写着"administer in Rear"，结果，护士把"rear"理解成"rear"（屁股），而不是"right ear"（右耳），结果把药用在了病人直肠。这个案例说明，医生和护士并非不胜任，可他们也会粗心大意。

即使医生没有明显的失误，问题也有可能出现。征询第二意见[①]看起来也许简单，仔细想一下就会发现，这个过程并不像

[①] 很多人在被诊断出患有某种疾病（尤其是严重的疾病）后，经常希望能征询其他医生的专业看法，以更多地了解自身的病情，并安心地接受治疗，而被征询的其他医生的意见，通常被称为"第二意见"。——译者注

看起来的那样简单，因为语言启动的隐性效应会在这里起作用。"第二"这个词语一般没有"第一"好，不管它被用来修饰什么。另外，如果把医生的话当作真理，那么，比较一种"真理"和一种"意见"的时候，我们会心怀怎样的预期？就像"第二"不如"第一"好一样，意见当然比不上真理。对此，我曾在课堂上做过验证。我问一半的学生："一位医生告诉你需要做手术，你向另一位医生咨询意见，被告知不需要做手术。那么，你有多大可能去做手术？请在11点量表上评分，'0'表示'绝对不去'，'10'表示'绝对会去'。"

我问另一半的学生："一位医生告诉你需要做手术，另外一位医生告诉你不需要做手术。那么，你有多大可能去做手术？"我对前面那组提到了第二意见，对后面那组则没有。结果，前面那组的平均评分为5，而后面那组的平均评分为2.5。也就是说，当第二位医生的看法被贴上"第二意见"的标签后，人们接受第一位医生意见的概率提高了一倍。

宾夕法尼亚大学艾布拉姆森癌症中心的约翰·格利克医生曾经估计：当一位病人带着某位医生提供的治疗方案向他征询第二意见的时候，在100次中，大约有30次，他给出的意见和第一位医生的意见完全相同；另外30~40次，他及其同事给出的建议和第一位医生提供的方案有较大不同；而剩下的时候，他的团队甚至会给出完全不同于第一位医生的诊断意见。

如果所有医生接受的都是同样的训练，那么，他们极有可能给出同样的治疗方案；如果他们接受的训练不同，那么，他们有不同意见则是很正常的。这样一来，我们就可以让相同的人从不同的角度审视相同的事实，也可以让不同的医生从不同的角度为我们提供不同的建议。病人一般不进行第二意见咨询，这明智吗？如果去做第二意见咨询，不管下一位医生说什么，我们也无法知道接下来的50位医生又会说什么。由于样本量非常小，这样做也许是不可靠的。但另一方面，进行第二意见咨询可能有积极作用。通过考虑是否需要咨询第二意见，我们（病人和医生）实际上含蓄地承认了不确定性的存在。

不要过度依赖医生，要成为自己的健康专家

为了保证身体正常运行，我们一般每年做一次体检。而且，医生推荐我们做什么检查，我们就做什么检查。如果体检结果一切正常，我们就认为自己是健康的，然后继续生活，直到下次体检，除非发生什么特别的事情。我们像对待自己的汽车一样对待自己的身体，就像把自己的汽车交给机械师一样把自己的身体交给医生。汽车通过了年检，我们就会认为它一切运转正常，并安心地开走它。然而，我打赌，我们当中很多人对自己汽车的关注度远超过了对自己身体的关注度。我们会注意到汽车的细微变化，如轻微晃动、刹车声过于刺耳、噪声大得不同寻常，于是意识到它可能出了问题，并在问题失控之前开去修理（如果我们负

担得起的话），即使我们不怎么了解汽车。可我们却不大注意自己身体的细微变化，而这些细微变化可能会告诉我们自己的健康出了问题。我们变得过于依赖医生。事实上，我们应该把医生，也许包括所有专家，都当作顾问。

关注变化和了解身体，我们就能更好地捕捉到关于健康状况的有用信息。承认医生的认知也是有限的，我们就能更加肯定与他们分享信息是非常重要的。我们应该扮演健康学习者，全身心地关注自己的健康状况，更好地与专家合作。我们应该成为自身健康问题的专家，让医生成为我们的顾问。

我们成了自己健康的专家后，也应当咨询若干顾问，不仅要针对身体各个部位咨询不同的顾问，而且要针对身体同一部位咨询不同顾问，而不同的看法意味着我们可以自己做主。在认识到医学数据的局限性之后，我们可能会同意：不同的人对同一问题持有相同看法不一定意味着他们就是正确的，也许只意味着他们接受的训练是相同的。面对不同意见时，我们不会感到有压力，而会变得更加清楚：在这一过程中，我们自身的作用是多么重要。为了做出决策，我们会变得更主动，主动分析接收到的信息，并且主动与医生进行讨论。

在医生为我们诊断的时候，我们不该等着医生问那些他们认为重要的、有助于诊断的问题；他们的提问也只是基于常规数据，也就是关于群体的数据。如果我们是专家，我们就要提供在我们看来与自身感受有关的信息。我们不要问"这和那有关吗"，而应该问"这和那可能是什么样的关系"。这样可以鼓励一种不同的信息搜寻方式,让顾问把我们的情况当作具体情况而不是一般情况去对待。

在决策心理学研讨班上,我经常问学生:"我们能用鼻喷雾剂避孕吗?"答案总是"不能"。如果我问"怎样用鼻喷雾剂来避孕",学生就会意识到整个身体是相通的,而那些对生理学比较了解的学生就会思考有哪些可能的路径,从而想出一些富有创意的答案。同样,那些对我们的健康有意义的问题,至少有些应该由我们自己做主。

当自己做主的时候,我们就能更容易地打听到有没有其他替代方案,而不会觉得自己是在挑战医生。我们会去打听其他可能的疗法,其副作用是什么;我们也会毫不犹豫地打听医生提供的建议有什么依据。这样,医生在回答这些问题时,就会更加留意知识的局限性。如果用一种很礼貌的方式这么做,我们就能把医生从原先那种过于高高在上的位子上请下来。医生也不会生气,愿意成为我们的健康顾问和合作伙伴。

我曾给研讨班的学生布置过一个作业,让他们去研究一下健康数据库,试着提出新颖的问题(只要与我们在研讨班上讨论过的任何问题有关就行)。我的学生劳拉·安格林,提出了一个比较尖锐的问题。由于这个问题与本书讨论的主题有很大的关系,我在此分享给大家。她关心的是医疗保健资源的可获得性及使用情况。她从美国疾病控制中心 1995 年的行为风险因素监测结果中选取了数据并加以分析。她发现，美国10个州——阿拉斯加、亚利桑那、伊利诺伊、堪萨斯、路易斯安娜、密西西比、新泽西、北卡罗来纳、俄克拉何马和弗吉尼亚——的被调查者被问到"有没有一个医疗保健机构是你常去的"这个问题时，9个州的大多数被调查者（75%~85%）都回答"有"，只有北卡罗来纳州的情况恰好相反。在这个州，65%的被调查者说他们会去看不同的医生。劳拉还在数据库里发现了另外一个调查问题：在一个月里有多少天（0~30天）你会觉得自己的身体状况不好。同全美其他州相比，北卡罗来纳州的被调查者更多地回答"0天"，而回答"1~2天""3~7天""8~29天"的被调查者也比其他州少。在心理健康方面，调查结果也类似，北卡罗来纳州的被调查者回答精神状况不好的天数也较少。实际上，就像几乎所有医学数据一样，这些数据都是相关的。现在我们应该已经知道，这些数据只具有推论意义，而不是绝对的。虽然如此，它们确实支持了"咨询几个不同的顾问也许对健康更有益"这一看法。

征询不同意见要求我们提高参与度，即使我们做的不过是选择向谁征询意见。另外，通过决定向谁征询意见以及跟他们讲什么，我们便启动了自己的效能感。

确诊之后，如果医生拿出几个可供选择的治疗方案，病人就会陷入艰难的处境。病人通常会把接下来的治疗全部交到专业的医疗工作者手上，这种做法是可以理解的。我们害怕，如果自己做出某一选择，而这一选择最终伤害到自己，那么责任就在我们自己。这是一种存在主义的恐惧，而把选择权都交给医生就能减轻这种恐惧，但是，这样做也可能对我们造成更大的伤害。

病人的癌症在多大程度上能被判断出是可治疗的还是不可治疗的？不管医生做出什么判断，似乎多少都有些武断。正如我的学生孟波（音）指出的那样，科学界甚至不能完全肯定一盒牛奶什么时候会过期——牛奶的储存温度、牛奶里面细菌的生长情况、外面有机物对牛奶的污染情况都会影响牛奶的变质时间，而它们仅仅是众多影响因素里最主要的三个。同牛奶相比，人体不知道要复杂多少倍。这意味着，一种连牛奶何时变质都不能完全肯定地加以预测的文化，也许根本不可能运用什么技术来精准确定一条界线——界线以下癌症是可治疗的，界线以上癌症是不可治疗的。

另一方面，我们自己也知道，癌细胞迅速扩散并且随时可能导致死亡的情况当然存在，但是，大部分患者的情况并没有那么严重，即使其罹患的癌症被诊断为不可治疗、晚期。这些诊断的依据是什么？这些诊断至少在某种程度上是武断的。如果病人因为明白了这一事实而心怀希望，就会设法改善自己的状况。病人可能会因为觉察到自己的症状的可变性而心生希望，其实，有时候症状并不像其他时候那样严重。他们应该把这一变化讲给医生听。

医生比我们更了解癌症，这是事实。然而，这一事实并不意味着我们不需要了解自己的诊断背景。今天，大约有 2/3 的癌症病人实际上并不了解自己的诊断结果；不了解诊断背景，使得应对癌症变成了一件更加复杂和困难的事情，就像在不了解规则的情况下尝试参与一项运动一样。然而，在全世界范围内，每天都有数以百万计的晚期癌症病人在玩这个游戏。

今天，就癌症而言，人群基本上分成连续的三类：没得癌症的人；可治疗的癌症患者；晚期癌症患者，也就是不可治疗的癌症患者。在这三类人之间，我们应该进行更细的区分，虽然在一般情况下我们没有这样做。例如，如果病人的癌症处于可以用手术治疗的阶段与晚期之间，如果他的癌细胞扩散速度很快，那么，他也许就会被看成处于不可用手术治疗的阶段。然而，某些疗法已经被证明具有几分减缓癌细胞扩散速度的效果，因此可以把这位病人列为"可治疗的癌症患者"。通过向医生打听我们的情况和大多数同类病人的情况有什么不同，我们也许能够学会对自己的状况进行更细的区分。

每个人的过去和体验都是独一无二的。而且，只有我们最清楚自己有哪些感受和想法，所以，无论医生如何了解我们，都远远比不上我们对自己的了解。考虑到这一点，知道哪种治疗方案最适合我们的人应该是我们自己。我们对某种治疗方案是否满意，取决于它是否能满足我们的特殊需求，而不是从统计学上看它能否满足大多数人的需求。知道自己的价值观、性格、感受和想法对于我们做治疗决策而言是必要的；把这些东西记在心里，有助于我们做出对自己而言最好的选择。所以，对于"如果不听医生的那要听谁的"这样的问题，最好的回答是"听我们自己的"。如果要问某种疾病病程的一般情况，应该找医生，因为他们是这方面的专家；至于每个人病情的独特之处，只有病人自己最清楚。所以，在这方面，我们自己才是最好的专家。

第九章

保持觉知，
终身成长

变老不是胆小鬼能承受得了的事。

——贝特·戴维斯

对大多数人来说，晚年是最让人担心能力下降、疼痛磨人、疾病缠身的人生阶段了。然而，在晚年，我们还是可以成长的。我们体验到的衰弱，一部分是变老这一自然过程的产物，一部分是由我们关于老年的思维定式造成的。就像逆时针研究揭示的那样，我们的认知能力、视力和关节炎症状都可以随着觉知的加强而改善。

关于老年的消极观念众所周知，而且我们似乎都无条件地接受，至少在西方社会是这样。若干研究表明，人们大都认为老年人健忘、迟钝、虚弱、胆怯、固执。

老年人对老年的消极观念和年轻人对老年的消极观念一样强烈。玛丽·凯特和布莱尔·约翰逊曾经做过研究，调查美国人对变老的态度，发现人们在评价老年人的外表吸引力或者心智能力时，对变老的消极观念最强烈。此外，研究还表明，人们经常无意识或者自动地受到这些消极观念的影响。

对变老的消极观念不仅影响人们看待和对待老年人的方式，而且经常被老年人自己内化，影响其自身能力和与年轻人打交道的意愿。30年前，我和几位心理学家、医生聚在一起，成立了一个小组，研究生理、行为和老化之间的关系。我是小组最年轻的成员，对变老的态度最积极。考虑到我个人对变老的体验和其他人对变老的体验不太一致，我不禁想问为什么会这样。这也许是因为，其他成员或者自己年事已高，或者其父母年事已高，他们对变老的切身体验使得他们对变老持消极看法。但是，也有另外一种可能，就是我对变老的看法之所以从根本上不同于他们（如果我的看法不算幼稚的话），是因为我经历了一些不同的事情。变老不等于衰老，我的这一观念是从哪里来的呢？

我想，对小孩来说，"祖母"这个词的意思是"老人"，我们很多人都是在诸如"祖母"之类词语的引导下接触到变老观念的。当我刚开始接触变老观念的时候，我的祖母还很年轻，不管是年龄、精神还是能力。确实，我们大多数人在很小的时候就从祖父母那里了解到变老意味着什么，并由此推及别的地方。如果我们的祖父母对变老怀有成见，那么，我们就会不经意间接受那些夸大老年人身心极限的观念。

最近，我着手检验情况是否确实如此。我和学生比较了两组老年人。一组在 2 岁以前和祖父母生活过，另外一组在 13 岁以后和祖父母生活过（两组参与者祖父母之间的年龄差异，当然也是 2 岁和 13 岁之间的差异）。我们的预期是：同第二组相比，由于第一组参与者的祖父母外表和举止都更年轻，因此，第一组参与者关于老年的观念就会更积极。如果真是这样，那么现在，同第二组相比，第一组的老年人会显得更年轻。

结果，情况确实如此。我们邀请一些研究人员，让他们在不知道我们研究思路的情况下对所有参与者进行评价。从他们的评价结果来看，与那些在 13 岁以后和祖父母生活过的参与者相比，那些在 2 岁以前就和祖父母生活过的参与者更机警；在活泼性和独立性方面也表现出类似的趋势。这些结果显示，我们很多人，也许因为接触了一些更具局限性的思维定式——我们原本不必受到这些思维定式的限制，而不经意间习得了关于变老的观念。

更加有觉知地对待人生的老年阶段

有关觉知的研究提供了四点启示。这些启示也许有助于抵消消极观念产生的负面影响。根据上述研究，我们应该重点关注以下四个方面：

1. 评价老年人的标准；
2. 一个人看问题的视野很难超越其自身的发展水平；

3. 变化与衰老的概念；

4. 更加有觉知地对待老年阶段（老年人自己以及对老年人怀有成见的人都需如此）。

下面，让我们逐条详细分析。

对于年轻人来说，别人劝他们"举止要与年龄相称"，是期待他们勤奋、稳重、敢于承担责任。然而，对于老年人来说，"举止要与年龄相称"则表达了行为让人难以承受的意思。具有讽刺意味的是，人们往往希望老人像小孩一样，不再全权负责自己的生活，而是把一部分控制权交给别人。最极端的情况是，人们有一种消极观念，认为人过了一定年纪，"举止就会变得像小孩一样"。这一消极观念暗示着我们的行为一定是由我们无法左右的年龄控制的。

鱼不会骑自行车，所以，根据骑自行车的人建立的标准来看，鱼似乎能力不足。在这里，拟人化的鱼和老年人的主要区别在于，老年人与非老年人如何看待个体与其所处环境的关系。我们很容易看出，把不会骑自行车看作鱼的一个缺陷是多么荒谬——自行车是为那些有两条胳膊、两条腿和轮廓清晰的屁股的生物设计的。我们不能因为鱼不会骑自行车就说自行车没用，也不能因为鱼不会骑自行车就说鱼没用。

具有讽刺意味的是，我们评价老年人能力的时候经常忘记这个效用结构。例如，如果一位老人下车有困难，我们会把这归因于他腿部肌肉退化、平衡感丧失，而不会想到也许是汽车座椅的设计存在缺陷——如果座椅能够旋转的话，乘客就可以正着身子而不用侧着上下车。即使想到汽车座椅的设计存在缺陷也没用的话，不妨设想一下，如果看到一个25岁的年轻人骑儿童三轮车有困难，就说他四肢过长、缺乏灵活性是多么荒谬！人们在设计儿童三轮车的时候，并没有考虑25岁的人会骑，同样，人们在设计汽车座椅的时候也没有考虑过75岁的老人怎么坐上去。因此，一个75岁的老人下车有困难，并不意味着他身体有缺陷，就像一个25岁的小伙子不会骑儿童三轮车并不意味着他能力不足一样。

老人不是年轻人。每天，老人都被迫与不是由他们设计也不是为他们设计的环境交涉。如果我们把自己觉察到的缺陷归结为外部原因，把自行车设计成鱼也能使用的样子，我们也许会减少对老人的消极观念，甚至会想出创造性的解决方案来改造环境，使它适合各个年龄阶段的人群。让我们再次回想一下前面提到的那个例子：一位老太太每隔几天出去购物，每次购物回来到公寓门前的时候，她都要放下手中的袋子，找钥匙开门，然后弯腰提袋子进门。一次购物回来，她在门前像往常一样把袋子放下，不过，当她准备提袋子进门的时候，腰却无法弯下来够袋子了。其实，她只要在门前放一个木架，就能解决这一问题。

同样，人们在评价老人心智能力的时候，也经常以为老人的欲望、动机和兴趣与年轻人一样。回到鱼的比喻，显而易见，鱼不怎么关心自行车。然而，这个比喻很少用来解释或者理解老人的行为。如果一个小孩的父母不能区分不同的卡通人物，或者不能听到一首流行歌曲的前奏就辨别出它是什么歌曲，小孩不会说他的父母丧失了对人脸的辨认能力或者对音乐的记忆能力。相反，这个小孩会（正确地）说，他的父母不关心神奇宝贝或者小甜甜布兰妮。老年人仅仅因为不关心年轻人关心的那些事情，比如记忆测试的成绩，就可能显得比较健忘。如果告诉某人一条信息，而这个人并不特别在意要记住这条信息，那么，他也许就不会将信息编码并且储存在记忆之中。如果稍后我们问他这条信息的内容，而他回答不出来，我们能说这个人忘记了吗？他根本就没有记住这条信息，何谈忘记？或许，老年人并不像我们以为的那样健忘，在某种程度上，他们只是在记忆信息的时候更加有选择罢了。

　　研究记忆力的人一般都会发现，年轻人的记忆力比老年人好。我们仔细看看记忆力实验是怎样做的。实验人员挑选一些词语让实验参与者记忆，不过，并非每个人对所有的词语都同样熟悉。我举个极端的例子来说明。如果词语清单中包含游戏机之类的词汇，年轻人肯定比老年人记得牢。如果词语清单中包含麻将之类的词汇，老年人的记忆力也许不比年轻人差。很多实验的参与者都是大学生，他们和实验人员处于同样的学术环境中。也许有研究者表示反对："我是按照词频表挑选词语的。"这样做看起来很客观，但是，词频表是由人编制的，编制词频表的人很难对所有人所说、所见的所有词语给予同等程度的考虑。正如我们在前面讨论过的那样，这里存在隐性决策者和隐性决策。但是，当"事实"被呈现在公众眼前的时候，它们就像是不可更改的真理，而不是以一些决策为基础——这些决策者也许把我们考虑在内，也许没有。

无意义和有意义的回忆

有一个有意思的现象：很多老年人对童年时期发生的事情记忆犹新，却很难记住最近发生的事情。也许，对老年人来说，童年的事情更有意义，他们之前将这类信息编码储存起来了，因此现在能够提取出来。当老年人在某些测试中成绩"不合格"时，我们总是据此认为老年人能力不足，而不去质疑也许该测试对老年人没有多大意义。然而，我们从来没有怀疑过鱼的能力。青壮年的研究者为什么没想到也许是测试本身存在缺陷呢？例如，最近一项研究发现，老年参与者记住的是所读内容的要点而非细节。考虑到测试中的识记材料是青壮年研究者挑选的，这些材料，除了要点之外，对老年参与者的生活来说能有多重要呢？

我现在接触的人比年轻时多很多，地位也比年轻时高很多。年轻时，第一次见到某个人，我就能记住他的名字；现在，我常常记不住，除非见过他很多次，多到他对我来说有意义了，我才能记住他的名字。这意味着我健忘吗？还是因为我很忙？过于自我中心主义？很累？很烦？以上都是原因之一，还是以上都不是？

一个人看问题的视野很难超越其自身发展水平。问一个小孩30岁是什么样子，他的回答显示了他对30岁是多么不了解；问一个30岁的人80岁是什么样子，不管我们是否愿意承认，他的回答都显示了他对80岁很不了解。评判老年人的时候，我们经常以为老年人有与我们一样的价值观和参考点。例如，有些研究者认为，人老了会自然退回到儿童状态。然而，恢复过去曾表现出的某些行为与第一次表现出这些行为有很重要的差别。例如，在餐桌上，一位客人讲了一个故事，7岁的吉米和97岁的詹姆斯都说这个故事太无聊，两个人也许说的是一模一样的话，可展现的却是不一样的行为。用心分析一下就会发现：吉米的行为是不受抑制的（uninhibited，通俗地说就是童言无忌），这表明他还不知道餐桌礼仪，不知道在这样的场合做出什么样的反应是合适的；相比之下，詹姆斯的行为是去抑制的（disinhibited），他非常清楚餐桌礼仪，但是选择不理会它。不明内里的人看到两人相似的行为，就会错误地把老人等同于小孩。

看问题的视野如果难以超越自身的发展水平，一个人就容易按照对自己最有意义的方式去理解观察到的行为，并错误地对老年人的行为进行符合其刻板印象的归因。试着从另外一个角度解释老年人为什么会展现出某些"刻板的"（"消极的"）行为，也许对我们大家都有好处。例如，对于健忘，我们可以理解为老年人不屑于记住某事，甚至更积极一点，理解为他们专注于当下。同样，看见老年人开车开得很慢，我们可以理解为其智慧增长，知道安全的重要性。

变老并不意味着衰退，需要改变的是消极心态

变老意味着变化，但变化并非意味着衰退。我们的一生都在发展，但"发展"这个词通常只用于形容人生的前 20 年。这种做法造成的影响是持久的。人生早期的变化被描述为"发展"，而人生晚期的变化则被描述为"变老"。就像白天和黑夜，在正式场合，一天（day）可能指的是 24 小时，但是在非正式场合，却专指一天之中较明亮的那段时间。同样，变老专指人生发展中较灰暗的那部分。对人生阶段不同的命名造成了迥异的结果。一个人必须和各种常识观念做斗争，才能把生命晚期的变化看作成长。如果给整个人生都冠以"发展"一词，我们不用辛苦斗争就能为晚年的"发展"争取到合理的地位。只是在当下，对变老的消极观念成了主流。

例如，80 岁的人因为自己不能再像 50 岁时那样打网球而沮丧不已。但是，也许问题不在于他不能再用同样的方式打网球，而在于他仍然试图用同样的方式打网球。维纳斯·威廉姆斯身高 1.9 米，是握把尺寸最大的女子网球选手之一；阿曼达·科泽尔身高 1.6 米，是握把尺寸最小的女子网球选手之一。她俩不可能

使用同样的打球策略，而且确实也没有这样做。科泽尔非常清楚，自己体形娇小，适合速度型打法；威廉姆斯也明白，自己身材高大，适合力量型打法。那个80岁老人所处的社会环境以及无意中形成的消极观念，都在暗示他自己在变老，而不是在发展，所以，他也许永远不会想到，应该根据自己的身体状况制定新的打球策略。因为老年人和年轻人之间的差异经常被视为衰退，我们不大可能找到帮助老年人改变"打球方式"的办法。

即使我们开始留意这种改变的可能性，仍然会错误地认为这种改变是补偿性的："既然那种方式不行，就用这种方式吧。"其实，我们可以找到老少皆宜的改变方式，这样，我们就会发现，那些我们觉得可怜的人，事实上是值得我们学习的。

把时序年龄撇在一边不谈，一个人有多老其实是相对的，而且可能会随着所涉领域的不同而变化。就像我们可以通过关注自己症状的变化掌握病情一样，我们也可以关注自己能力的变化。玛丽在与邻居打桥牌时也许觉得自己老了，但是，在与孙子孙女玩大富翁时她也许会觉得自己还很年轻，在社区乐队里演奏法国号时可能觉得自己更年轻。正如我们看到的那样，情境会给老年人贴上难以摆脱的标签。我们越是能够在各种不同的社会情境中看到自己和他人承担的不同社会角色，就越能够有觉知地看待彼此。

年龄变化与体力、心智衰退没有必然的联系。回想一下我和贝卡·利维做过的那个实验。当时我们研究了两个社会群体，一个群体是中国人，另一个群体是失聪的美国人。在这两个群体中，不管是年轻人还是老年人，对变老都没有消极看法。实验证实，同听力正常的美国老年人相比，中国老年人和失聪的美国老年人在四项记忆力测试中都获得了更好的成绩。如果老年时的记忆力丧失纯粹是由衰退的生物机制决定的，这两个群体就不会比听力正常的美国老年人表现出更强的记忆力。

实验结果表明，年龄变化不一定意味着衰退，关于记忆力丧失的研究也普遍支持这一结论。有些研究者认为，老年人记忆力丧失是不可避免的，并且在很多人身上发现了这种趋势，但是，另外一些研究者指出，记忆力变差在某些方面也许是由环境因素决定的，是由期待和社会情境塑造的。

变老的很多消极后果，实际上是启动效应造成的。贝卡·利维和同事做过一项研究，下意识地启动老年人关于变老的积极观念或者消极观念，然后让他们做各种数学测验和语言测验。用于启动积极观念的词语是：有才华的、建议性、机警、精明、富有创造力、开明、指导性、改进、富有洞察力、贤明和明智。用于启动消极观念的词语是：阿尔茨海默病困惑、衰退、老朽、痴呆、依赖、疾病、将死、遗忘、无能、错放和老糊涂。结果，在做测验的时候，与积极观念被启动的参与者相比，消极观念被启动的参与者体验到了由压力导致的更强烈的心血管反应，包括收缩压和舒张压的上升及心率的增加。

当然，启动效应也能带来积极结果。一般认为，人上了年纪，就会自然走向衰弱，而启动健康和能力可以逆转某些衰弱。

回想一下我在本书开头讲过的盆栽研究：我们给养老院的一组老人一些自主权，让他们护理盆栽，仅仅三个星期以后，他们在很多指标上都有明显的改善，包括机警度、幸福度、积极参与度和总体安适感。18 个月以后，与对照组相比，实验组不仅在身心健康方面表现出了明显的差异，而且在死亡率方面也差异显著。心理学家理查德·舒尔茨也做过类似研究，结果发现，给养老院的老年人自己决定何时见访客的权利，可以增强他们的掌控感，并改善其身心健康。

后来，我和查尔斯·亚历山大及其他同事做的一项研究也得出了类似结论。我们设置了一个对照组和两个觉知组；在两个觉知组中，一组通过注意新奇事物进入觉知状态，另一组通过冥想进入觉知状态。结果，两个觉知组在身体健康和心智能力方面都有了明显的进步，而且，他们的控制感也增强了，觉得自己年轻了很多。此外，根据护理人员的评价，他们的精神状况也有所改善。在三年的跟踪调查期内，两组人的寿命均比对照组的人要长。所有这些研究发现都表明，创造一种适宜的环境，引导老年人改变消极的心态，而不是让他们继续抱着老旧观念，也许会减轻消极心态的消极影响。

保持觉知能让我们长寿，反之亦然

逆时针研究中的大部分参与者都和自己的子女一起生活，这意味着他们住的房子，甚至他们住的房间，并非完全属于他们自己。因此可以想象，参与者的日常生活空间缺少能让他们回忆起年轻时代以及昔日朝气和活力的因素，相较之下，静修处所则提供了很好的环境。参与者在静修处所的房间虽然没有完全个性化，但是处处可见20年前——当时他们正值壮年——那一周的报纸和杂志。所有的房间都不一样，这不仅有助于增强记忆力，而且让他们觉得自己住在旅馆里，而非养老院。如果我住在每个房间都一样的养老院里，我敢肯定会经常走错房间（我认为不只我一个人会这样，虽然老鼠被我的学术界同人放在迷宫里也能找到出路，但我永远也搞不清楚它们是怎样做到的）。

在研究开始前，我们向每位参与者要了一张他们自己最近的照片和一张20年前的照片。在实验组，我们把参与者20年前的照片做成册子发给他们；在对照组，我们把参与者最近的照片做成册子发给他们。我们这样做，是想帮助实验组的参与者们把彼此看得更加年轻、更有活力。

我们要求他们不要携带1959年以后的任何东西，还特别要求他们携带一件自年轻时就有的物品。约翰带了一支钢笔；弗雷德带了一个啤酒杯；本带上了他的Zippo打火机，当年在万宝路的经典广告里看到牛仔使用这种打火机后，他立即买了一个；欧文带了一套梳子和刷子，都是他父亲留下来的；皮特带来了他的布鲁克林道奇队队帽，静修周开始几天之后，我们谈到他的帽子，他说道奇队搬到洛杉矶不过是"几年前"的事情；马克斯忘记了，所以什么也没带，不过他好像很迷恋我们放在他房间里的《体育画报》。我们在起居室里放了好几份1959年同一周的《生活》杂志和《星期六晚邮报》。

老式收音机上放着老旧的广播节目《荒野大镖客》《鲍勃和雷》，这些节目20年前怎么播放，现在仍然怎么播放。静修处所的男士似乎特别喜欢特德·麦克主持的电视节目《最初的业余时光》、米尔顿·伯利、佩里·科莫以及杰克·本尼。娱乐方面的这些安排都是为了唤回他们20年前的思维与情绪。

在布置静修处所时，我们最重要的一个决定，也许是没有把任何一样东西刻意做成"适宜老年人"的样子。一般情况下，老年人的生活空间里，障碍物会被移走，以方便他们走动。但是，没有障碍物暗示着没有活力，因此，在静修处所，一些小困难，比如爬楼梯、回房间、捡起掉到地上的东西，都留给老年人自己想办法解决，让他们有一些成就感。

我们尽量把测试穿插在活动之中，因为我们觉得医疗仪器和心理测试的出现，经常意味着出了问题。例如，我们用一个游戏测试记忆力，在这个游戏中，我们用幻灯片呈现一些著名人物的图片给参与者看，让他们在认出图片上的人物之后立即按下按钮。结果，实验组的动作更快，回答更准确。

在静修周开始之前发给他们的那封邮件交代了应该带什么衣服。我们告诉他们："不要带任何时髦的衣服，要带舒适的衣服，最好是旧衣服。"我们对工作人员的服装也做了要求，建议他们最好穿"看不出时代痕迹"的衣服，不要穿实验室白大褂或者任何标志他们不同身份的衣服。这个要求并没有让我的研究生感到为难，他们只要穿上平常穿的衣服就行。我们或多或少都是平等的，没有任何外部因素向参与者暗示我们是负责人，他们正在被监视，他们可能会有问题，等等。我们与参与者之间的交流互动基本上是普通人之间的交流互动，几乎不显露角色差异。我们掩隐任何显示我们角色的外在标志，把参与者当作普通人而不是老年人。整整一周，他们都在一种几乎看不出时代痕迹的环境里度过。

今天，我们很多人的父母或者祖父母都住在养老院之类的机构中。在那里，到处都是毫无觉知的例行程序，有些地方甚至连陈设都缺少变化。如果漫不经心的状态是生活造成的，就像我们的几项研究显示的那样，过分按部就班地生活也许就预示着早亡。如果难以在这种环境里找到觉知生活的方法，替代选择有哪些呢？也许有三种替代选择：设法觉知地生活，早死，变得"老糊涂"。虽然听起来很怪异，但我还是认为，老糊涂也许是对过度程序化的环境的觉知反应。正如我们接下来要讲到的那样，我们的研究支持这一推论。如果"老糊涂"是对更多觉知的需求，从生物学意义上说，它也许是适应良好的表现，即使从社会学意义上说它是适应不良的表现。

为了检验这一点，1979年，我和心理学家龙尼·加诺夫-布尔曼、珀尔·贝克、琳恩·斯皮策比较了养老院里被贴上"老糊涂"标签的老人和没被贴上"老糊涂"标签的老人。我们把疾病作为控制变量。如果被贴上"老糊涂"标签的那一组中有一个老人有心脏病，那么，没被贴上"老糊涂"标签的那一组中也会有一个患有心脏病的老人；如果被贴上"老糊涂"标签的那一组中有一个老人有肝病，那么，没被贴上"老糊涂"标签的那一组也有一个有肝病的老人。以此类推。我们发现，被贴上"老糊涂"标签的那一组参与者，比没被贴上"老糊涂"标签的那一组参与者平均多活了6~9年。我们做这项研究的时候，脑扫描还不流行，因此，那些今天在脑扫描中被诊断出患有阿尔茨海默病的人，也许展现了某些不同于我们研究对象展现出的东西。然而，今天仍然有很多人，特别是那些接触不到大型医疗设备的人，医生只能根据他们有限的几种行为做出诊断。而正如我们描述的那样，他们也许选择了一种替代方式：设法有觉知地对待自己所处的环境。

如果我们预计老年人身体衰退，那么就不大可能给他们额外的医疗照顾（这些医疗照顾也许可以起到重要的作用）。另外，人们也不大会注意到老年人取得的小小的进步。而且，如果医疗资源短缺，老年人会成为首批被拒绝救助的对象。让问题变得更加严重的是，老年人自己也接受这些偏见。这些偏见虽然都是主观臆想，但是，医疗界和老年病人都不去质疑这些无条件的假设。更糟糕的是，成年子女通常不知道怎样和上了年纪的父母打交道。对我们来说，也许应该开始质疑这些思维定式了。

"过度帮助"会让老年人丧失掌控感，陷入习得性无助

对变老的消极观念被无意激活后，就会通过三条路径对老年人的健康造成负面影响。第一条路经是自我实现的衰退预言。老年人如果预计人到老年身体和心智开始衰退，就会给自己的行为带来无形压力，进而让预期变成现实。在解释模糊信息时，预期效应也会发生作用。因为老年人预期自己将体验到衰退，所以他们更容易把自己的行为和体验视为身体正在衰退的证据。想象这样一个情景：一个老年人和孙女在花园里劳动了一整天，第二天醒来觉得背痛。因为知道老年人容易腰酸背痛，所以他把自己的背痛归因于年纪大了。"我背很痛，这一定是因为我老了。"这种联想本身就可以引发启动效应，让他走得更慢——仅仅因为背痛的话，他不会走得这么慢——而这又证实了他的消极观念。因为他把背痛和身体衰退联系到一起，所以他绝不会发现，孙女第二天醒来同样觉得背痛，而她只是把背痛归因于四个小时的除草工作。

老年人对变老的消极预期还会和他人对变老的消极预期交织起作用，形成一种交互式的自我实现预言。比方说，83岁的乔治和45岁的玛莎都相信变老与认知能力衰退有关。当玛莎向乔治解释一个概念的时候，她会尽量解释得简单一些，但是，这种过分简化的做法会遗漏一些信息。乔治注意到玛莎想尽量解释得简单一些，但是，因为一些信息被遗漏了，他并没有听懂。研

究显示，乔治不仅担心他听不懂是因为他老了（而不是因为玛莎的解释有问题），而且，他的行为还会强化交谈双方的预期。这种效应也有正面例子。在一项研究中，教师被告知，实验组的学生处于智商突增期。结果，教师给实验组的评语不仅比对照组的高，而且，一段时间后，实验组的学生智商真的比对照组高了好多。很多有关自我实现预言的研究也展示了类似的效应：预期会对双方的态度和行为造成影响。

第二条路径是依赖感。对变老的消极观念会让老年人丧失更多的控制感，使他们在社会心理上更易出现健康问题。研究表明，控制感，也就是相信自己在给定的情境中具有控制能力（不管这一信念是否有根据），往往比实际的控制能力更重要。如果环境限制或者身体局限让个体没有实施控制的机会，个体可能会陷入习得性无助的状态，也就是放弃控制——即使环境限制不再存在，就像我们在马丁·塞利格曼的习得性无助实验中看到的那样。老年人控制感的丧失，会直接导致他们在健康问题上放弃控制权。60岁以上的老人经常反映，遇到与健康有关的问题，他们一般不愿过问，也不愿自己拿主意，而是交给医疗保健领域的专业人员。然而，有研究表明，自我效能感是变老和控制欲降低之间的媒介。也就是说，越觉得自己没有能力做决定的老年人，越不愿意自己做决定。

相较于身体和环境变化对老年人控制能力的限制，对生活的某些方面的控制感变得更加重要。心理学家劳伦斯·珀尔穆特和安杰拉·伊兹做过一项研究，以到某记忆诊所寻求帮助的男性为研究对象，对他们进行记忆测试。他们让实验组觉得自己对记忆任务有一定的控制权，而对照组则没有。结果，实验组的测试成绩比对照组要好。在第二项研究中，他们在记忆测试中安排了不同的记忆任务，得到了与第一项研究类似的结果。这表明增强控制感能提高成绩，就像丧失控制感会影响成绩一样。

第三条路径正是为老年人提供护理的机构。医疗保健专业人员同样对变老抱有消极观念，容易受到一些偏见的影响，这些偏见可能会加大老年人的健康风险。护理人员比普通人更易于对老年人的行为进行消极归因。有研究指出，对老年人及其想法的偏见，正是专业人员为他们提供良好服务的障碍。与此类似，有研究观察到，医生较少对老年病人实施积极治疗，也很少想到其他因素可能影响了疗效或者病情的发展。

一项研究调查了美国和加拿大 50 岁以上的人群。50% 的被调查者称，他们碰到过这一情况：医疗保健专业人员武断地把他们的小病归因于年纪，或者直接告诉他们年纪太大不能从事某些活动。这样，关于变老的消极观念就通过减少医疗护理、破坏医患沟通、减少可选疗法等方式，对老年人的健康造成了潜在或者直接的影响。

很多为老年人提供医疗护理服务的机构也在不断让老年人产生依赖感，丧失控制感。心理学家在养老院所做的研究显示，"过度帮助"会让老年人觉得自己无能，并陷于无助，做不好本来可以做好的事情（逆时针研究也证明了这一点）。心理学家玛格丽特·巴尔特斯和同事做过一系列研究，表明很多老年人及其社会伙伴之间的社会互动围绕"依赖支持脚本"（dependence support script）而展开。也就是说，老年人的依赖性会被提供的帮助强化，而其独立性则被弱化了。这些研究表明，在养老院之类的机构中，依赖支持脚本更明显、更普遍。有趣的是，要逆转这一效应，并不需要特别做什么。比如，养老院可以把一项名为"孙辈领养祖父母"的项目改成"祖父母领养孙辈"，后面这种定位暗示着老年人是掌控者。

老年人要增强自主性，不要武断地对自己的健康下结论

几年前，我和心理学家劳伦斯·珀尔穆特开发出一项帮助增强养老院老年人控制感的技术。前面讨论过的通过关注变化来增强控制感的思路就来自这一技术。简单地说，我们让养老院的老年人关注他们"不选择什么"，包括最平常不过的选择，比如，早餐不选择哪种果汁。这一监控任务是为了提醒他们在日常生活中，包括那些最平常的活动中，都存在很多隐性选择，从而提高他们的控制感。

对老年人而言，变老还和自我概念变窄有关。能力、机会或者视角的变化，会让老年人把目光集中在自己当前的局限上，并且会拿现在与过去做比较，也就是常常想起"当年勇"。我们之

所以把变老理解为限制增多或者能力丧失，可能是由于我们习惯于把行为等同于身份，也就是把有限或者特定的几个行为等同于某一方面的自我。比如，有这么一位老人，他强烈地认同自己的画家身份。现在，因为得了关节炎，他的手很难握住画笔。如果不用心评估他这种情况，相关人士可能会鼓励画家接受某一天将再也不能作画的事实，帮他发展新的兴趣，或者让他回忆盛年时的出色作品。然而，除了让画家接受其职业生涯即将终结这一想法以外，相关人士也可以鼓励他采用别的方式作画——用牙齿咬住画笔，或者尝试手指画法、喷绘画法、泼墨画法。即使对改变画风不感兴趣，或者不大满意，画家也可以重新思考自己的能力，把焦点放在拓宽"画家"的概念上，认识到画家的活动范围是很广的，有很多事情他仍然可以去做，而且可以做得很出色。身为画家，意味着他有特别的世界观、艺术观，能让颜色搭配出意义。他没必要放弃自我，而是可以一直是个画家，即使他此刻不能作画。更为重要的是，即使他还是使用画笔，也可以采用与得关节炎之前不同的方式作画。如果他把变化看作不同而不是衰退，就可以为自己发展出一套全新的作画方式。如果认识到可以从很多方面去定义自我，而且认识到塑造行为的环境和动机因素是多种多样的，那么，老年人也许会把整个人生看作一个连续的过程，而不是把晚年看作衰退。

同样，老年人可以一直把自己视为运动员，即使他因为精力不足、动作迟钝告别了自己喜欢的运动，就像我们在前面提到的那位老年网球运动员一样。拓宽自我概念法和向下社会比较法是不同的，后者鼓励老年人与那些身体不如自己的同龄人比较，从而让自己感觉良好，觉得自己还是运动员；相比之下，前者无须社会比较，所以效果更好，持续时间也更长久。

觉知处世法可以通过区别对待而非歧视他人的方法来减少偏见和成见。区别对待不同的个体，这种觉知可以避免以偏概全。例如，"汤姆和琼都老了"这句话很笼统，描述的好像是一类人；而如果说得具体些，可以抓住每个人的特点，"汤姆有白发还带着哨子，琼涂着红色指甲油、拄着拐杖"。不加区分可能会制造一种假象，放大外表年龄和实际年龄之间的相关性。就拿白发来说，虽然一般说来，老年人比年轻人更容易有白发，但是也存在特例。然而，我们会用每天所见的陌生人来证实而非推翻这一假设：看到一个人有白发，我们就想当然地以为他老了，尽管他的实际年龄并不大；看到一个人满头黑发，我们就想当然地以为他还年轻，虽然他已经是老年人了。事实上，白发和老年之间的相关性并没有我们认为的那样大。

对于性格和能力而言，也存在同样的情况。通过多加注意周围不同个体的特殊之处，我们可以避免以偏概全，认识到把所有人武断地分类是错误的。

这点很重要。不仅因为它本身就很重要，而且还因为认知能力衰退会导致身体衰老。正如我们说过的一样，变老会导致认知能力衰退这一看法忽略了几个因素。

1. 老年人和年轻人受不同事物驱动。

2. 认知能力测验一直是由年轻人设计的。不妨设想一下，如果不用游戏机类的词语，改用麻将类的词语测试记忆力会得到什么结果。

3. 我们是真的越老记忆力越差，还是一旦掌握了一般规则就不大在乎规则的具体实例？

4. 对人际关系的关注可能会被误认为是认知能力的丧失，其实这种关注也许是一笔资产而非负债（关注谁做的以及为什么这样做；关注生命始于此刻）。"忘记"与他人之间发生的不快，我们就不会对过去耿耿于怀，就能够继续前进；忘记过去，说明我们活在当下。

老年人确实会因为上了年纪而面临一些实在的困难，然而，不管是老年人还是中年人，都能从以下行为中获益：质疑那些对年龄敏感的能力测量指标的适用性；明白一个人看问题的视野难以超越自身发展水平；认识到变老只意味着变化，而不一定意味着衰退；增强自主性，避免一刀切，关注自己以及周围人出现的变化。

用觉知应对变化，发现更多的可能性

我们的身体在不断变化——如果我们认真思考并接受这一观

念，也许能够控制自己的身体机能，而在那些没有觉知的人看来，人到老年，身体机能必然慢慢衰退。可以这么说，我们身体的每一部分都在以不同的方式和速度变化着。同样，每个人变老的方式和速度也是不同的。人们通常把某个群体都看成单一的实体，觉得同一群体的人看上去一样、行为方式也一样。这样，对于尚未变老的人来说，也许会觉得老年人看起来都一样，但是，仔细观察一下就会发现，老年人并非真的那样彼此相像。同某一群体的交往越多，我们越觉得要区别看待其中的不同成员，也越容易发现不同成员之间的差异。实际上，有觉知地对待周围的老年人，对我们是有好处的。就像我们可以问"为什么在今天这个时候，我的哮喘看起来好了一些"，我们也可以问"为什么在这个时候，93岁的约翰或者96岁的南希看起来如此健康"。他们年纪虽大，思维却如此清晰，身体如此硬朗。我们固然可以认为他们基因好，但是，这样归因的话，我们就放弃了向他们学习的机会。我们也可以说，这是因为他们在年轻时积极锻炼身体，饮食健康且有规律，但是，如果我们自己已经过了50岁，这样归因对我们也没有什么好处。他们此时此刻在做什么？归因越具体，我们越能向他们学习。尽管我们或许永远不知道自己的理解是否正确，但是，我们至少能得到三个好处：观察得越仔细，我们就越有觉知；保持有觉知地留意他们，会给他们带来积极的体验；即使我们的理解是错误的，我们为自己所做的改变依然对自己有好处。例如，如果我注意到南希早上会去散步，然后会吃一顿丰盛的早餐，于是把她的好身体归因于这一好习惯，并且试着向她学习，那么，我也会因此而受益，即使真正原因是她的基因好。

如果家里的每个人都学会保持觉知，我们所有人的问题也许都会消失。正如我在前面讲过的，多年以前，我的祖母被诊断患上了阿尔茨海默病，当时我认为一定是诊断错了，因为我和她在一起时，觉得她一如既往地清醒。年纪稍大一点的时候，我了解到，被诊断为阿尔茨海默病的人并非一直都表现出该症状。对我而言，疑惑暂时解除了。而我祖母呢，就像大多数被确诊的其他人一样，症状有时有，有时没有。于是我认为诊断也许是对的。最后，他们发现这是误诊，实际上，是她脑子里长了肿瘤。我只能再次回到"症状有时有，有时没有"这个问题。我认为，在某个时刻，我们所有人看起来都可能是糊涂的（在那些与我们亲近的人看来）。我们糊涂到什么程度、糊涂多长时间才能被诊断为阿尔茨海默病？如果我们每天有 15% 的时间都迷迷糊糊，那么，我们是否就得了阿尔茨海默病？如果是 20% 的时间呢？到底由谁来决定？

说到这里，我的脑子里又冒出一个问题。为了便于讨论，我们假设有个人在 65% 的时间里是糊涂的，而且大多数人认为他确实有问题。那么，剩下的 35% 的时间算什么呢？研究这一问题的人不该考虑这一点吗？如果我的祖母在一天的大部分时间里都是糊涂的，但与我在一起的时间是清醒的，那么，这是否表明，支持性而非威胁性的环境有助于缓解阿尔茨海默病？还是说，一天里和我在一起的那段时间,我的祖母正好不糊涂呢?如果是后者,是什么造成了她的生理状态在一天的这段时间里与其他时段有所不同?顺着这一思路,我们可以提出很多问题;而有了不同的问题之后,不同的答案也会随之而来。

在我写这部分内容的时候,我父亲(他总说自己"记性差")住在佛罗里达州博卡拉顿市的一家协助生活机构中。实际上,我是趁他休息的时候在他的房间里写下这部分内容的。我们刚刚玩过牌。在我很小的时候,他就教我玩金拉米(一款经典的纸牌游戏)。自那时起,每次去看他,我们都会玩上几把。

玩第一把的时候,我抓了一副好牌。我考虑要不要故意让他赢一把。如果故意让他赢的话,可能会显得很矫情。在我忙着做决定的时候,他宣布他赢了。我看了看他的牌,发现他确实赢了。第二把也是他赢了。我在一所世界一流的高校里教书,而且我的牌技也不差。然而,这个被诊断为患有阿尔茨海默病的人和我玩了五把牌,赢了三把。

第十章

让觉知帮助
我们永葆青春

> 趁年轻少壮时探求知识吧！它将弥补老年带来的亏损。智慧乃是老年人的精神养料。因此，年轻时应该努力，这样年老时才不致空虚。
>
> ——达·芬奇

随着逆时针研究临近结束，我不自觉地注意到了参与者外在的变化。他们站得更直，走得更快，言语中更加自信。研究最后一天的早上，我们给弗雷德量血压，让他挽起袖子露出左臂。他却温和而坚定地说要露出右臂。他比我们更清楚怎样做对他来说更舒适，而且毫不犹豫地告诉了我们。约翰胃口变得和我一样好，晚餐的食欲一天比一天好。弗雷德告诉约翰不该吃那么多、那么快，约翰反问："谁说的？"几天之后，这句话成了口头禅。当某个人告诉另外一个人该做什么或者不该做什么的时候，另外一个人反问"谁说的？"有时候，这么一说，两个人都会笑出来。

1981年，我第一次介绍这项研究，当时我犹豫要不要把自己的体验全部描述出来。我担心这样做的话别人会认为我不客观，并否认我的研究结果。现在，我年纪大了一些，觉得描述自己整个体验中最有价值的部分已经没有什么好担心的了。在这个研究项目开始之前，那些老年人在别人眼中已日薄西山。而在我们结束研究之后，其中一个人，已经不需要依靠拐棍走路了。

　　静修周最后一天，我们在外面等巴士接我们回剑桥。我的一个研究生带了一个橄榄球，和其他学生扔着玩。我问吉姆（这个人在面试的时候非常虚弱）想不想来一场触身式橄榄球比赛，他说好。很快，又有几个人加入进来。不到几分钟，我们就在前面的草坪上展开了一场即兴橄榄球比赛。但是，在研究项目开始的时候，没人想到他们可以这样玩橄榄球，尽管没有人会把这当作国家橄榄球联盟的比赛。15分钟后，巴士来了。对于刚刚发生的事情，我上车的时候带着几分惊讶、兴奋和一点点舍不得。

　　回到哈佛大学威廉·詹姆斯大楼的实验室后，我们开始分析研究过程中收集的数据。我不知道我们选择的用于评估实验效果的测量指标是否正确，也不知道收集的数据是否具有统计显著性。不过说实话，这些对我已经不再重要。对我来说，这两个星期里（每组一个星期），看着这些人渐渐地改变就是最大的回报，对得起我们为之付出的努力。

　　如我说过的那样，我们发现，从体力、手的灵巧度、步态、体态、知觉、记忆力、认知力、味觉敏感度、听力和视力等指标来看，两组参与者的健康状况都有了改善。在大部分指标上，时光倒流的那组参与者（用"现在时"体验1959年的那一组）取得了更大的进步。我们觉得，这些人看起来更健康、更年轻。为了验证这一发现，我们找了四个对我们的研究一无所知的人，随机给他们看参与者在静修周开始之前的照片或者静修周最后一天拍的照片，让他们判断每个参与者的年龄。他们的评价结果是：时光倒流的那一组参与者，研究结束之后比研究开始之前平均年轻了两岁。我之前提到过，这四个人都是客观的评价者。

这些进步是一群陌生人共度一周的结果。想象一下，如果我们的文化塑造的是另外一套关于变老的观念，会是什么情形呢？

事事用心，事事留意，活在当下

我们无法避免死亡，也无从知道死后是什么样子，但是，在死之前，我们能够左右自己的人生。整合我们迄今研究的内容，也许能形成一种新的健康观。我介绍的那些研究发现，告诉我们为何要质疑对待医学信息的传统方式，并且激励我们去探索新的方式。医生知道的只有那么多；医学数据反映的并不是绝对事实；语言把决策隐性化，从而剥夺了我们的选择权；疾病无法治愈实际上只意味着疾病未定型；我们的信念以及大部分相关的外部世界都是社会建构的产物——认识到所有这一切，我们就做好了探索新方式的准备。如果我们关注变化，明白总是可以取得一些小进步，我们就做好了踏上这段探索之旅的思想准备。

第一次听到汽车刹车发出刺耳声音的时候，我意识到刹车片要更换了。其实，我平日里就可以多留意一下，这样，在听到轻微的、不大对劲的噪声的时候，就能意识到刹车出了问题。意识到刹车出了问题之后，我会变得更有觉知，能够更早发现问题。最终，我会对刹车的运行状况变得更加敏感，把问题消灭在萌芽状态。在健康方面，我同样可以这样做。如果感到膝盖有点儿"别扭"，我就会很小心，防止扭伤或者摔伤。如果注意到肤色或者小便颜色发生了细微的变化，我就会尽早确定问题出在哪里，在发生紧急情况之前，采取行动把它解决掉。

为达此目的，我们先要变得更有觉知。我有时会连续加班到几乎崩溃，经常吃饭吃到撑才停止。显然，我本来可以注意到一些信号，在崩溃之前放下工作，在吃撑之前放下刀叉。

20多岁的时候，我经常头晕。医生说我可能患有轻微的癫痫，我听了很害怕。他们让我做检查，检查完他们说我没有癫痫。可是，他们不知道我为什么头晕。我决定"自己的毛病自己治"，每次觉得头晕要发作的时候，我就努力把自己"抓"回来，而且，"回过魂来"的时间一次比一次短。我不知道自己到底做了什么，头晕最终不治而愈。作为一位科学家，我必须承认，一些症状是会自行消失的。话虽如此，试图控制自己的健康状况确实能给自己以力量。

很多事情让人觉得不可能，虽然我们心里知道它们是可能的。我之前说过，如果觉得减掉50磅难如登天，不妨考虑先减掉1盎司。采取这种策略的时候，我们可能会发现自己的进步不是直线的。有时我们进步很快，有时很慢；有时，昨天看是进步，而今天看却是失败。把现状和最终目标之间划分成很多小步骤，观察我们每天进步了多少，这也许就是反芝诺策略的核心。结果就是对变化进行关注。

关注变化有很多实际的操作方式，遇到问题的时候，我们基本上都可以根据具体情境灵活运用。我们可以写日记，每2~3个小时就记下在此期间我们是否体验到了某种症状，以及周围的环境。这样做有几个好处：第一，日记会表明，在大部分时间里我们并没有症状；第二，日记会显示，每当我们体验到症状的时候，周围的环境有什么类似之处，进而提示我们可以从哪些方面加以控制；第三，写日记必须投入注意力，这会让我变得更有觉知，而觉知本身就有好处。心理学家詹姆斯·彭尼贝克在研究中发现，保持有觉知地写作可以从很多方面改善健康状况，包括缓解压力（压力小了，与压力有关的疾病就减少了，看病的次数也少了）、增强免疫系统、降低血压、增强肺功能、增强肝功能、减少住院天数、让心情变好、增强心理幸福感、减少检查之前的抑郁症状等，这里列举的只是研究发现的一部分。

很多人都看不到自己身体的变化，只是坐等崩溃。我的朋友玛丽就是这样。医生告诉玛丽，她的胸部有个肿块，要做活检。不出所料，她害怕极了。一开始，我想安慰她，列举了很多数据，表明她这个年纪的人患乳腺癌的概率很小，她不大可能患乳腺癌。但这些数据无法让她安心，因为她知道，即使概率很小，她也可能不幸"中奖"。我告诉她，现在还不到烦恼的时候。如果检查结果是癌症，她有的是时间烦恼（如果她需要烦恼的话）。然而，活检不能马上就做，所以，她不得不在恐惧中生活一段时间。她的故事结局很好：肿瘤是良性的。她是靠什么熬过等待最终结果的那段日子的呢？我们都相信癌症诊断就是死刑宣判书；我们害怕的时候，心理力量是如此微弱，以致什么道理都听不进去。如果她当时考虑一下如何自救的话，情况会怎样？如果她当时关注自己身体状态的变化（时好时坏），并且考虑怎样通过饮食、锻炼或者其他手段来改善自己的身体状态，也许会找回控制感，并改善自己的心理状态。仅仅试图自救就能带来意想不到的效果。等待的过程如此难熬，所以我们不该等待。转移注意力也许有用，但是效果不会长久。在玛丽的例子中，"转移注意力"实际上就是直面问题。如果采用这种方式照顾自己，在别人看来——更重要的是在自己看来——我们就不是无助的。

最近有研究表明，狗能察觉一个人是否长有肿瘤。如果我们锻炼自己感知细微变化的能力，每次进步一点点，最终也许会变得对细微变化十分敏感。我们现在做不到这一事实，只是意味着我们还没找到合适的方法。然而，如果相信这是可能的，找到办法的希望也就越大。

我研究了30多年觉知，它其实是指积极地区分事物的过程，从自以为很了解的事物中发现新东西。我们留意什么——不管是聪明的还是愚蠢的——并不重要，留意本身最重要。事事用心、事事留意，就会发现自己活在当下，也会更清楚自己的处境，更明白自己的想法，并抓住那些我们原本可能注意不到的机会。我那些身为社会心理学家的同人喜欢说，行为依赖于情境。而我认为，觉知可以创造情境。

我们可以等待科学更进一步的发现，也可以从今天开始就更加主动地照顾自己。问题在于，科学家也像我们一样经常犯不用心的错误，所以我们也许需要等待很长时间。想一想下面这种情形：如果我们忘记某种分类方式最初是以不确定性决策为基础的，它就会限制我们。比如，科学家把大脑划分为左半球和右半球。从很多方面来说，这种划分方式有用，但是，如果我们忘记其他划分方式可能也有用，这种划分就会成为一种限制。现在，研究之所以都把大脑分为左右两个半球，是因为左半球和右半球之间有明显的空间界线，而且相互对称。如果把焦点放在大脑右半球，发现那里出了问题，我们可能就会认为，既然大脑的整个右半球都不运转了，那就肯定没有治疗希望了。可是，如果我们把大脑分为上半部分和下半部分，而不是左半部分和右半部分，我们会看到大脑的某些部分仍然在运转，这样，我们就会想办法弄清楚怎样调动这一部分来"修理"其他部分。

我们希望医生开给我们的药物是真正有用的，而不是安慰剂效应在起作用。不过，有些人认为安慰剂本身就是一种很有用的药物。很多阐释安慰剂效应的研究者都会欺骗参与者，让他们以为自己服用了"真正"的药物、喝了含有咖啡因的咖啡，或者触碰了真正的毒藤的叶子。虽然所有这些研究都证明安慰剂是有用的，但有个疑问仍然存在：到底是什么在起作用？既然安慰剂是惰性的，那一定是我们自己在起作用。如果实际上是我们自己在起作用，我们应该学会用更直接的方式管理自己的健康。我们可以问："既然这粒药丸什么都没做，只是启动了我们的积极观念，我们干吗还要吃药呢？"我们也可以问，安慰剂之所以起作用，是否部分是因为我们关注到了变化。是不是不管服用什么药物我们都会更加关注自己的身体？如果真是这样，就要考虑，一种药物之所以起作用，多大程度上是因为我们关注了自己的身体。这个问题很有意思。我们也许会发现，大部分药物并不像我们以为的那样有必要。

多角度看待健康状态，拥有"觉知健康"的思维

本书介绍的各项研究表明，觉知——也就是积极留意新事物，无论是从字面意义还是比喻意义上，都能让人充满活力——它不仅不耗神，还能提神，它是那种全身心投入的感觉。我认为，我们没有理由不运用觉知来理解并更好地管理自己的健康。最近有关冥想能产生积极效果的研究也建议这样做。心理学家理查德·戴维森做了很多开创性的研究，向我们展示了冥想和觉知给大脑

带来的变化。

但是，觉知不要求冥想。丹·西耶戈尔在其著作《正念之脑》（*The Mindful Brain*）中指出，冥想可以对健康产生积极的影响，关注变化同样也可以。根据我30多年对觉知的研究，关注变化是进入觉知状态的捷径。

让我们再次温习一下这个观念：我们要多角度地看待自己的健康状况，而不是认为身体要么健康、要么有病。不要接受"诊断无模糊地带"的想法，即要么患有某种疾病，要么没患某种疾病。接受一个诊断，我们要收集有助于我们用连续的视角看待自己健康状况的信息，这些信息不但会让我们明白疾病并非"全或无"，还会提醒我们疾病的可控性远远超过我们的预期。想象我们的健康状况是一个多重连续体，比认为我们要么完全有病、要么完全健康更容易。多重连续体会告诉我们，自己在某些方面一直是健康的，但是我们并非刀枪不入。这样的话，我们就可以在平时，而不是等到生病以后才去关注自己的身体。最重要的是，多重连续体提示我们，在某些维度上偏于健康，在另外一些维度上偏于患病。这就强化了"我们是我们，疾病是疾病"这一观念。

我们的健康状况是一个多重连续体。如果脑子里有这么一个概念，并且把曾经测量过的各个指标多测量几次，我们就会发现这些指标并非静止不变。意识到这一点，我们就有可能询问自己的健康状况为什么有时较好、有时较差，进而会想办法掌控自己的健康。

我们不仅要积极质疑非此即彼的健康观（要么健康、要么有病），而且要认识到健康不等于没病。我们没有生病的时候，为什么要尽力达到自己的最佳状态？那些上限是谁设定的？本书介绍的大部分研究都在质疑这些极限——人们认为这些极限是人体与生俱来或者固有的。他们质疑视力是否一定与年俱衰、变老是否一定就是衰退、锻炼是否有强烈的心理暗示作用以及我们能在多大维度上把时光逆转。这些研究向我们展示了怎样对抗无意识启动的负面影响、怎样质疑剥夺我们选择权的隐形决策以及当周围环境不适合我们的时候，怎样解构其社会建构过程并按照自己的需求重建一种新的环境。没人能够阻挡我们利用这些研究发现。

把治疗责任扛在自己肩上而不是全部推给医生，我们所做的每一件事情都是深具觉知的。我们积极接收新信息，不管是身体信息还是书本知识。我们从多个视角而不是单一的医学视角看待自身疾病。我们致力于改变环境，不管这种环境是让人倍感压力的职场还是让人万分压抑的医院。最后，努力依靠自己恢复健康而不是单纯坐等医疗界治疗，我们就参与了治疗过程，而不是坐等结果。

觉知需要用心，正是这一性质，让它潜力巨大。

觉知健康的最大作用是防患于未然，对于重度抑郁症、已经向身体主要器官扩散的癌症、严重的注意缺陷多动障碍来说，它的作用并不大。不过，即使在这些极端情况下，增加觉知度也是有益无害的。觉知健康的目标，不是让我们找回年轻时朝气蓬勃的感觉，而是让我们觉知地过好这辈子。这是一个值得我们奋斗的目标，也是一个我们能够实现的目标——人生的每一刻都过得明明白白。

与医生互动，做一个有觉知的学习者

我们的文化不是教我们用心关注自身健康，而是教我们把日常生活精神病理学化。我们要认识到，某些情况下悲伤是正常的，和抑郁没有半点儿关系。我们要认识到，任何一件事情都可以从不止一种角度去理解，不能武断地指责那些非主流的看法。如果谁（包括我们自己）不同意主流看法，就是在拒绝接受现实[1]；如果对某事持积极看法，就是在合理化[2]所有疼痛都等同于症状。不知有多少人，只要一晚没睡好，就说自己失眠了。

我们进一步探讨一下失眠问题（其他情况以此类推）。对大多数人而言，刚刚上床睡觉的那一安静时刻，是解决问题的最佳

---

[1] 最原始、最简单的心理防御机制就是完全否认某些痛苦、难堪的事实或经历，当其根本没有发生，以减轻心理压力和痛苦。——译者注
[2] 合理化又叫文饰作用，是一种常见的心理防御机制。它是指人们在遭受挫折、无法实现自己追求的目标或行为表现不符合社会规范时，转而用有利于自己的理由为自己辩解，将面临的窘迫处境加以文饰，以隐瞒自己的真实动机或愿望，从而为自己开脱的一种心理防御机制。——译者注

时机。然而，不是所有的问题都那么容易解决，如果一时想不出办法，我们就会一直想着，一晚上的大部分时间也许就在这种清醒状态下过去了。第二天，我们也许会看到一个电视广告，说什么如果睡不好觉，可能既有失眠症又有强迫症，我们必须服用他们卖的不管什么药。

如果第二天要早起的话，很多人会选择在头天晚上早睡。如果他们不能马上入睡，那并不是因为他们有失眠症。我们在某天晚上所需的睡眠量，与我们当天白天做过哪些事情以及头天晚上的睡眠时间有关，与我们第二天要做什么事情没有多大关系。人每天要睡 8 小时，这是怎么确定的？得出这一结论的研究是用什么人做研究对象的？研究过程牵涉了哪些隐性决策？如果有那么多人说自己睡眠不足，也许是他们对睡眠时长的预期有问题。也就是说，他们其实不需要睡那么长时间。我们每晚睡多久，应当取决于睡觉前做过什么运动以及当天吃过什么、经历过什么，而不是我们的睡眠预期。

日常生活精神病理学化在很大程度上解释了病人和医生、医疗界之间近乎病态的关系。大部分人都认为，看病住院是让人很有压力的事情。医生接受的训练，让他们不带感情地对待病人。在某种程度上，这是我们形成这种感觉的原因。

尽管大多数医生都是关心病人的，但是，心理学家哈罗德·利夫和勒妮·福克斯研究医学训练后发现，医学训练虽然强调要关心病人，但更强调对病人不带感情，因为死亡是难以应对的。然而，对我们大多数人而言，良好的医患关系对于减轻压力、促进治疗是很重要的。医生被训练成不对病人投入感情，这样一来，实施一些比较"残忍"的治疗就要容易得多，否则就会难以下手。然而，不投入个人感情，也许会隐藏不确定性。如果我很关心你，而且确切地知道截掉你的胳膊（这样做当然很残忍，也很难下手）能够挽救你的生命，我相信自己会毫不迟疑地这么做。但是，因为我很关心你，当我不确定截掉胳膊是否一定能挽救你的生命时，我就很难下手。如果不投入个人感情能够帮助医生在面临不确定的时候做出决定，我们真的希望他们下"狠手"吗？不管答案如何，良好的医患关系都有助于治疗，我们也不一定要接受医生不能投入个人感情的观念。如果我们能保持觉知，与医生互动时，他们就可能会更有觉知地回应我们。

前面说过，医学数据虽然有用，却不能全信。医学数据只能引导我们，而不是支配我们。我也说过，我们不应过于相信自己的经验，不要以为经验毫无偏颇。不管我们是否承认，经验只能告诉我们已经知道的东西。那么，作为健康学习者，我们应该怎么做呢？我们应该从通常的医学数据以及自身的过往经验里提取线索，然后把这些线索同当前的体验结合在一起。我们觉知地做这件事情的时候，就能从经验里领悟到什么是存在的体验。

我母亲很知性，却不是有觉知的学习者。我记得非常清楚，那天她打电话给我，说她从收音机里得知约翰·韦恩刚刚去世了，并问我她会不会死。她被诊断出乳腺癌已经6个月了，这6个月她一直生活在恐惧中。我告诉她，她和约翰·韦恩不同，甚至连所患的癌症也不同。更为重要的是，我告诉她，她的状况她自己应该最清楚，而不是别人。在今天这个社会，我们太过于依赖专家和技术，一点都不留意我们对自己的了解（这些信息别人只能猜测），是什么让社会变成这样？做一个有觉知的学习者，也许能够延长我母亲的生命，也许不能。但是不管怎样，成为一个有觉知的学习者可以让她活得更充实。

尊重不确定性，质疑极限是否存在

本书旨在指出一条每个人都可以选择去走的道路，分析我们何以走到今天这个地步，指出安全、觉知地回到原点的途径。在原点，我们收集并且尊重那些只有我们自己能够收集到的个人信息，并且把医学信息当作向导而不是绝对真理。

就像本书一开始就提出的那样，如果我们把所有疾病都看作心身性的，情况会怎样？我们会有一些关于自己以及自身疾病的新发现吗？我们是否会更留意自己健康的时候？

我父亲一向身体硬朗，神志基本清楚。几周前，因为轻微的心脏病发作接受了多种治疗，吃了很多药，然后就虚弱、糊涂了好多。医学界的结论是他不中用了。如果他神志不清是因为服用了药物，他能否做些什么来改变人们对他的看法？老年人一旦被诊断出某种疾病，该疾病就会成为一个镜头——别人透过这个镜头看待他们。我们的大部分行为——不管我们有多老——都具有特异性，如果透过这个镜头看我们，我们的行为会显得非常怪异，甚至更加陌生。关于阿尔茨海默病的研究，焦点都放在病人糊涂的时候。如果我们花同样的时间研究病人神志清醒的时刻，情况会怎样？我们也许可以在病人糊涂的时候做一次核磁共振成像，在病人清醒的时候再做一次，然后比较两次的结果。与假定有病为出发点不同，以健康为出发点会通向一条不同的信息搜集之路。那段时间，我父亲的身体在好转，能力也在恢复，我和他本人都注意到了这些变化。然而，诊断结果没变。就像医学理论一样，确切地说是所有的理论都一样，诊断结果很少发生变化。以我父亲为例，医生认为这不过是阿尔茨海默病的发展进程变慢了。

一切在昨天被认为不可能但在今天成为现实的事情，都可以让我们更加尊重不确定性，也可以让我们从总体上质疑极限是否存在。然而，一项新发现只会促使已有理论微调细节。因此，从总体上质疑极限是否存在也许更有用。

质疑假定的极限是可能心理学的精髓。即使在我们状态最佳、最健康的时候也要问一问为什么不能变得更好，这是知道我们能够变得多好的唯一办法。可能性心理学以目标为出发点，它并不只是问是否可以逆转瘫痪、失明、脑损伤或者"晚期"癌症，甚至让失去的肢体再生，而我们接受的观念是这些都是不可能的。抱着这种观念，过去决定了现在。然而，一切事物都是变化的。当我们承认事物是变化的，而且承认当前的"事实"并非永恒不变的时候，就能看到可能性。如果不是问我们能否有效改变以上提到的任何一个事实，而是问我们怎样才能做到，我们就能着手行动了。

第一步是把身体、心灵还原为一体。当身体和心灵被看成相互独立的两个部分的时候，身体的重要性经常被置于心灵之上。举个例子，我们喝水首先是为了健康，其次才是为了快乐。但是，正如我们已经看到的那样，对于健康来说，态度、想法和信念同饮食、医生一样重要。心灵并非独立于身体。虽然我们强烈反对他人控制自己的思想，却很容易放弃对自己身体的掌控。是时候恢复掌控权了，是时候开始觉知地留意身体、环境以及感情的细微变化了。同时我们要帮助那些我们在意的人也这样做。

我的朋友多迪·鲍威尔在90岁的时候明白了觉知对健康和幸福的重要性。她知道，自己照顾自己，会让人变得更健康、更幸福。她去世前不久我们最后见了一次面。这最后一次见面对我尤其重要，因为我一直对老年人的晚年生活很感兴趣，而且我父亲也到了晚年。

多迪床边的桌子上放着几本书、一瓶花、一个装有笔的马克杯、一些药和面巾纸，还有我们的凉茶。我们聊到老年人怎样度过自己的晚年。对于晚年，她只说了几句安慰的话，但是对于自己的整个人生，她思考得很清楚。在我们告别的时候，她说："我不怕死，埃伦，但是活着当然更有意思。"

我们其实都可以像她那样明智地看待生与死。

致谢

我要代表读者感谢我亲爱的朋友戴维·米勒。他是我的代理人、编辑。他思维敏捷、关注细节，给了我极大的帮助。我还要感谢自己在巴兰坦的编辑玛妮·科克伦，她提出很多深刻的问题和有用的建议，让我的论证更有逻辑性，也让本书更通俗易懂。我还要感谢我的好朋友帕梅拉·佩因特和莫劳德·劳伦斯，她们阅读了这本书的早期草稿，提出了很有价值的修改意见。

本书以多年来开展的研究为基础，因此理所当然，我要感谢我实验室的学生，包括已经毕业的和正在就读的，他们是：本齐翁·查诺维兹、沙立·戈卢布、贝卡·利维、塔尔·本–沙哈尔、亚当·格兰特、劳拉·德丽左纳、艾伦·菲利波维奇、斯蒂芬·雅各布斯、马克·帕拉马里诺、菲利普·赛耶、马克·罗兹、阿里·克拉姆、阿林·马登斯、劳拉·许、郑在宇（音译）、迈克尔·皮尔逊、罗里·高勒、梅根·帕斯里什、欧阳龙（音）、吉姆·里奇–邓纳姆、保罗·泰普丽兹、伊丽莎白·沃德、简·茹利亚诺和瑞安·威廉斯。他们为本书贡献了很多想法，也让我的学术生活变得更加丰富多彩。我还要感谢我的助教朱丽叶·麦克伦登，她非常细心，给了我很多帮助。

没人知道我们的思想来自哪里，但是有一点是肯定的：这些思想的形成和学术界同人的支持分不开。在这里，我要特别感谢安东尼·格林沃尔德、理查德·哈克曼、马扎林·贝纳吉、伊丽莎白·斯比克、苏珊·凯里、斯蒂芬·科斯林和史蒂文·平克。

几年前的某个晚上，我接到了格兰特·沙尔伯的电话，他想以本书介绍的逆时针研究为蓝本制作一部电影。他激动地告诉我，为什么我应该让他而不是其他人把我的生活和工作拍成电影。他很有魅力，而且极具说服力，我被他的计划打动了。他似乎没有意识到，并没有那么多人排在他前面等着把我的研究拍成电影，但是不管怎样，我答应他了。本书围绕逆时针研究而展开。这么做不为别的，只是为了配合电影。同时我要向制片人格兰特·沙尔伯、吉娜·马修斯、克里斯滕·哈恩和詹妮弗·安妮斯顿以及编剧保罗·伯恩鲍姆表达我的谢意，感谢他们让这一切得以实现。

一般情况下，我不是特别因循传统的人。但是，我现在却要这样做——把最重要的人放在最后。我的思想、生活一直因南希·海明威的存在而变得丰富。南希，感谢你的智慧、善良和慷慨，感谢你还活着！